数学教育と
メタ認知的知識

中学校の数学だけでなく,算数・数学教育にかかわる先生方にも
読んでもらいたい確かな学力を定着させ活用力を高める7講

星 野 将 直 著

　…認知したことを認知している状態であれば,確実に認知していることになります。
　即ち「メタ認知している」生徒の姿を想定します。ここで言うメタ認知の対象とは,自己の学習状況・能力と言ったものでなく,学習した認知対象です。
　例えば,「方程式を解くことができる状態(認知)」とは,「方程式の解き方をどのように認知した状態なのか(メタ認知)」と言うように認知とメタ認知の両方の姿を想定することが必要になります。…

はじめに　基礎・基本がなぜ応用・発展にいかないのか？

<事例1>
　計算問題を何度も繰り返しながら練習して計算がスラスラとできるようになったが，応用・発展問題は全く解けない。それはなぜでしょうか？

<事例2>
　娘は小学生のときに，小1から6年間剣道を習っていました。剣道教室での指導は徹底した基本稽古の繰り返しでした。「切り返し」をはじめとして同じ事の動作を何千回も行っていました。しかし，試合になると技をほとんど出せずに負けていました。それはなぜでしょうか？

　この2つの事例には少なからず共通点があると考えます。基礎・基本の習得ということと，応用・発展への適用ということを切り離しており，前者を徹底すれば何とか後者につながるだろうという共通な前提を多くの人がもっています。何とかというところで，うまく何かをつかむ少数の者は確かにいますが，大半はほとんどつながっていないのではないのでしょうか。

　このことは，初学者（初心者）が基礎・基本を習得するときに暗黙知を同時に獲得できたかできなかったかが，応用・発展にいくかいかないかの差になると私は考えます。

　暗黙知は一言で言うと，言語化できない知，勘のような経験知です。初学者（初心者）が，初学者の域でとどまるか，準熟達者の域にいくかどうかは暗黙知の獲得の程度の差です。
　昔習ったスポーツや楽器など技能の習得場面のことを思い出すと明らかではないでしょうか。

　それならば，基礎・基本の習得の時に応用・発展への適用ということを意識し，なぜ基礎・基本が必要になるのか，基礎・基本が応用・発展場面でどのように使えるのか等ということを意識して学習することが必要です。日常場面の習い事においても，基礎・基本を単独で教えることなく，実際の試合などの場面でどのようなタイミングで，どのように使えばよいのか，それを使うことがどんなによいのかについて，教わることが望ましいはずです。しかし，習い事の多くは，熟達者がその暗黙知を意図的に顕在化して初心者に伝えていないことが多いのです。師匠と何年も共に生活しながらやっと師匠の技を習得していくという徒弟制がその一例です。

　数学の授業においても，教師は暗黙知を顕在化し生徒に意識させ学習させることが必要です。
　その暗黙知の1つとしてメタ認知的知識（メタ認知の役割を果たす知識）があります。
　例えば，中1の「方程式の解法」の習得場面では，「方程式を解くためには，ゴールである $x=a$ に変形するためにサブゴール $ax=b$ に変形する必要がある。そのために，与えられた方程

式の左辺と右辺のどの項を移項したらよいかの方針をたてるとよい」というメタ認知的知識があります。これを意識させないと，その都度方程式のパターンに応じた解き方を覚えなければなりません。また，このメタ認知的知識は，中1の方程式の解法の問題系列だけでなく中2の連立方程式と中3の一元二次方程式の解法にも調節的に使うことができます。

　本当に意味のあることをどう教えるのかが本書の出発点です。また，本書は教師としての私の暗黙知の顕在化への挑戦でもあります。

【 目 次 】

はじめに　基礎・基本がなぜ応用・発展にいかないのか？	1
目次	3
メタ認知　−考えたことを考える力−　鎌倉女子大学　神林信之教授	5
第1講：　暗黙知とメタ認知的知識	7
第2講：　数学的知識とメタ認知的知識	17
第3講：　認知構造の変容とメタ認知的知識	22
第4講：　学習の転移とメタ認知的知識	38
第5講：　問題解決とメタ認知的知識	55
第6講：　生徒間のかかわりとメタ認知的知識	64
第7講：　評価とメタ認知的知識	88
おわりに　基礎・基本がなぜ応用・発展にいかないのか？	94
引用・参考文献	97

メタ認知 －考えたことを考える力－

鎌倉女子大学教授　神　林　信　之

　星野将直氏は，学習者に実感と納得を保障し，確かな数学科学力を育成する方策についてメタ認知の視点から継続的に研究し，数学的知識形成における意味と手続きをつなぐ論文や，既習内容と本習内容との接続の類型に着目した教材構成に関する論文を多数発表してきました。

　わが国の数学教育におけるメタ認知に関する研究は，1980年代中頃から始まりました。その後，メタ認知に関する研究は進んできましたが，理論的あるいは一般的な検討を中心とするものやトピック的な調査問題を解決する場面を取り上げるものが多く，現実の学校での教育課程編成や学習指導に関するものはまだ少ない現状にあります。一方，教育課程編成や学習指導に関する多くの研究には，問題解決のストラテジーや学習者同士の相互交流を対象とするものは比較的多く見られるものの，メタ認知の育成を視野に入れたものはまだ少ない現状にあります。このようにわが国の先行研究で，「教育課程編成や学習指導」と「メタ認知の育成」はそれぞれで研究されてきており，特に，学習指導要領のもとでの中学校数学科の「通常の」題材における授業実践に関するメタ認知の育成の研究はほとんど手つかずのままになっています。わが国の数学教育における今後の課題として，メタ認知の育成を学習指導要領や自校の教育課程に位置付けることが望まれています。本書で記された理論と実践は，この課題を解決することにつながるものです。

　2007年に成立した学校教育法第30条では，学力の要素が規定されています。各教科では，習得の学力と活用の学力を育成することが求められます。習得の学力は，反復練習だけでは育成することができませんし，活用の学力は，OECD/PISAと類似の問題を練習させるだけでは育成することができません。しかしながら，現在の授業者や学校は，「学力向上」という至上命題に対して，単年度で確実に成果を挙げなければならない現実の壁の前で，懸命に教育活動を行っているものの，なかなか手応えを得ることができず疲弊したり，不本意ながら苦肉の策として前述の方法だけを多用している場合もあるでしょう。1996年の中教審で提唱され，現行の学習指導要領の理念である「生きる力」は，成長，発達，開発などと関連しており，本書のキーワード「メタ認知」は，学習の自覚，自己決定，超自我などと関連しています。本書で星野氏は，学習者の学びの内面に丁寧に光を当て，習得の学力と活用の学力が相互作用しているという立場から，経験を通して仮説的に，前述の「壁」を乗り越える理論と実践を検討，提案しています。

　本書の刊行を契機に星野氏の今後の研究が一層進展しますよう祈念いたします。

第1講　暗黙知とメタ認知的知識

1．熟達と暗黙知

　図1は，「シェルピンスキーのギャスケット」と呼ばれる，有名なフラクタル図形です。この図形は一見単純な正三角形に見えます。しかし，その細部に注意してみると，相似な正三角形が無数に集まって各系を構成していることに気がつきます。シェルピンスキーのギャスケットをとりあげた理由は，初心者が学習によって熟達者になるときの認知技能の発達を表す比喩的な図と捉えているからです。

図1　シェルピンスキーギャスケット

　福島真人著『暗黙知の解剖』によると，認知技能と暗黙知の関係について，次のようにあります。
　われわれはある特定の現場で活動する際，知らず知らずのうちにさまざまな知識や技能を獲得する。
　その多くは無意識に習得され，われわれの活動を支えている。それが暗黙知である。
　　　　　　　　　　　　　　　　　　　　　　　　　『暗黙知の解剖』．福島真人著．金子書房．2001．

　暗黙知は，身体知とのかかわりで多く議論されます。例えば，剣道で「切り返し」という面を繰り返す基本稽古があります。単純な動作ですが，初心者と段のある熟達者では，同じ動作をしているはずなのに格段の違いがあります。熟達者は言葉で意識的に説明できなくても体が無意識に覚えていて，それも微細な部分のところまでいきとどいた動作ができるということです。また，自動車

や自転車の運転の場面を考えると，かなりの部分が身体知として暗黙知化されていることに気づきます。

　教育の例で言えば，向山式の「跳び箱を跳ばせる方法」で，跳び箱を跳ぶには言葉の説明やイメージだけではだめで，体重移動の感覚という暗黙知を腕に体感させ練習することが大切だということです。これは暗黙知を顕在化したことと捉えられます。

　暗黙知を顕在化するには，認識対象について，形式知とその背後にある暗黙知を区別する必要があります。暗黙知は当然言語化されにくく無意識に個々人がもつものです。

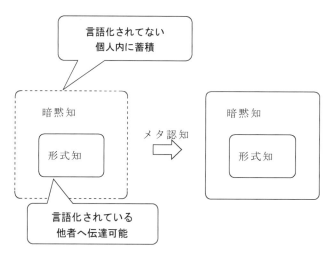

図2　暗黙知と形式知

　この暗黙知の対立概念として形式知があります。形式知は比較的に言語化可能です。また，形式知の内容は暗黙知と比べると他者に伝達されやすいという特徴があります。

　中学校2学年の題材「連立方程式の解法」の加減法の手続きの習得についてはどうでしょうか。図3の問題は，連立二元一次方程式を加減法で解く単純な問題です。このことは形式知としては外部は一見単純に見えます。また，その手続きは多くのステップを必要としていません。

しかし，生徒が中1・2・3年から高校へと方程式の解法に習熟していくという枠組みで見ると，この技能を支える暗黙知は何であるかという問いが生じます。

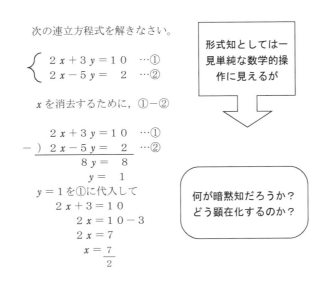

図3　連立方程式の解法

生徒を初心者と捉えると，方程式の解法実行には暗黙知として複雑な思考が必要となります。そのため，教師は，形式的に処理された数学（できあがった数学）の背後にある暗黙知を顕在化することが，教材解釈上必要な作業であると捉えています。言い方を変えると，暗黙知をどう解釈するかということが教材解釈だということです。

次に，顕在化された暗黙知を生徒が意識し形式知の背後として再度暗黙知化できるように意図された問題解決活動を考えます。結果，生徒は暗黙知を意識しないで形式知を汎用的に働かせることができるようになるのです。

2．暗黙知とメタ認知的知識

なぜメタ認知的知識なのか

メタ認知というと，メタ認知能力と捉える場合が多いです。また，能力とまでいかなくてもメタ認知技能というようにメタ認知能力を局所的に働かせるという捉えもあります。

この立場でのメタ認知は，古くから自己教育力，自己評価能力，ノート指導などに教育実践として取り入れられています。しかし，それらは自己の理解や認知状態を暗黙知としています。

そのため，生徒が自分自身の暗黙知を客観的かつ正確に捉えるためには，どのように支援したらよいかに関する研究がほとんどです。ブルーアー著『授業を変える』には次のようにあります。

メタ認知とは，一般的には，自分の現在の学習や理解の水準をモニターする能力である。

生徒のメタ認知を高めることで転移を促すことができる。それはメタ認知を活性化させることで，生徒は自分が知識を獲得しようとしていることを認識して，学習者としての自覚を持つことができるからである。

適応的熟達者の特徴は，自分自身の理解過程をモニタリングしたりコントロールする，高度なメタ認知能力によって専門的知識や技術を高めているところにある。したがって，習熟できたかどうかはメタ認知能力がついたかどうかである。

『授業を変える』米国学術研究推進会議．森敏昭他．北大路書房．2002．より

しかしながら，この立場だけでメタ認知を授業に取り入れた場合，生徒自身が，（A）過去に学習した内容と現在学習している内容を関連づけたり，（B）現在学習している内容を次の学習に発展させたりする，ことは容易ではないことは明らかです。授業の終わりに「振り返り」をさせた場合，生徒の記述内容を見ても感想レベルのものが多く，（A）・（B）レベルの振り返りは教師の意図的な支援がなければでてこないことは明らかです。

よって，私はメタ認知を「メタ」の意味が表すように「認知のための認知」と捉え，知識（宣言的知識・手続き的知識・一般的方略）を実行したり制御するための知識（宣言的知識・手続き的知識・一般的方略）と捉えています。この意味でのメタ認知を，熟達のための暗黙知の1つとして「メタ認知的知識」と定義しています。

繰り返しますが，数学の認知構造が変容するためには，既有の知識・技能の調整と再構成が必要です。それは，既有の知識・技能と本習の知識・技能の関係がどのようになっているかを捉えることです。どのような問題解決活動によって，既習の知識・技能が調整されたり再構成されたりして認知構造に組み込まれ，結果認知構造の変容が可能となるのかを捉えることに他なりません。したがって，認識内容については十分すぎるほどの吟味が必要です。

その上で，暗黙知を顕在化するとは，図4にあるように，「自分自身の暗黙知を意識すること」と「認知対象の暗黙知を意識すること」の2つがあります。後者の意味でのメタ認知が数学の学習指導上必要になります。

暗黙知の顕在化
- 自分自身の暗黙知を意識すること
 （例）自分は計算ミスをしやすいから見直しが必要だ。（メタ認知技能）
  　　彼はメタ認知能力が高いので仕事ができる。（メタ認知能力）
- 認知対象の暗黙知を意識すること
 （例）方程式の解法実行を認知とすると解法実行方略はメタ認知的知識

図4　暗黙知の顕在化

例えば，一元一次方程式解法実行の初期段階は，図5の①のように「①方程式を解くとは，移項や等式の性質を使い，$x=a$を導くこと」という宣言的知識だけでは解法を実行できません。そこで，解法実行を制御するメタ認知的知識が必要となります。

つまり,「②方程式を解くには,ゴールである$x=a$に変形するためにサブゴール$ax=b$に変形する必要がある」と「③$ax=b$を導くためには,与えられた方程式の左辺と右辺のどの項を移項したらよいか方針を最初にたてる」という手続き的知識が,「①方程式を解くとは,移項や等式の性質を使い$x=a$と変形することである」という宣言的知識について,メタ認知の役割(宣言的知識のための手続き的知識)を果たしています。

問題　$7x=5x+4$を解きなさい。

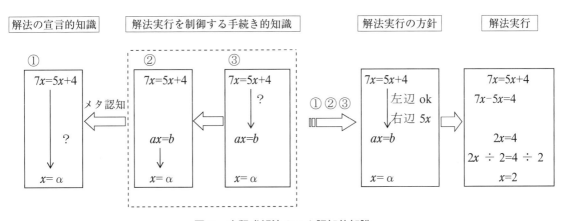

図5　方程式解法のメタ認知的知識

この解法実行を制御する手続き的知識(メタ認知的知識)が暗黙知となることで,方程式の解法は手続き的知識となります。このように,数学の授業では,必要な認知とメタ認知の対象を確定し,認知と同時にメタ認知的知識も獲得形成されているか分析することが必要です。

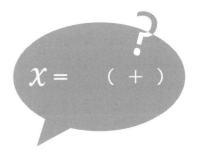

3．中学校2学年題材「連立方程式の解法」の指導におけるメタ認知的知識

年度当初に全国学力学習状況調査とともにNRT（全国学力標準検査）を行い，前年度までの成果と課題について，教科部で分析し今年度の指導に生かしていることと思います。

そのNRT数学2年生の問題として，連立二元一次方程式の解を選択する問題がありました。

1）は加減法，2）は代入法を用いて解く標準的な問題です。両方とも整数の解になりますが，正答率がなかなか上がりません。また，1年生の標準的な一元一次方程式を解く問題の正答率と比較しても低い結果となりました。なぜでしょうか。その原因について認知的分析だけでなくメタ認知的分析（メタ認知的知識の視点）をしてみます。

次の連立方程式を解き，解はそれぞれ下のア～カの中から選びなさい。

1) $\begin{cases} 3x+2y=10 \\ 2x-3y=11 \end{cases}$

2) $\begin{cases} 5x-6y+27=0 \\ y=2x+1 \end{cases}$

ア $x=-3, y=-5$ 　　イ $x=2, y=2$

ウ $x=3, y=-1$ 　　エ $x=3, y=7$

オ $x=4, y=-1$ 　　カ $x=\dfrac{26}{7}, y=\dfrac{59}{7}$

図6　連立二元一次方程式の問題（NRT2年数学図書文化）

＜認知的分析＞

1）は1回で加減できないことと，係数をそろえるときの計算ミスが誤答の主な原因です。

2）は $y=2x+1$ を代入したあとの分配法則のミスと，分配後数項を移項するときの符号ミスが誤答の主な原因です。また，式を見ただけで変形をやめたため，無答率が高くなっています。

＜メタ認知的分析＞

いずれも連立二元一次方程式を解かなくても，ア～カで与えられた数を代入し解決できる問題です。方程式の解の意味と解法の関係を暗黙知化していないことが原因と考えます。

また，2）については $y=2x+1$ の代入を行う標準形にもかかわらず，無答率が高いということは，代入法を選択できなかったと見ることができます。$5x-6y-27=0$ の=0型で加減法を選択するときは $5x-6y=27$ の=c型に変形する必要があります。与えられた連立二元一次方程式の形状から加減法・代入法を選択する見通しについてのメタ認知的知識の獲得ができなかったと分析できます。

ところで，「連立方程式の解法」の指導は実際にはどのように行われているのでしょうか。

教科書の記述から，どのような認知とメタ認知的知識が要求されているか見てみます。

＜教科書の認知的分析＞

　導入問題は，りんごとみかんのイメージ図が提示してあります。最初の図はスタートの式を表しています。ゴールの式であるりんご1個を求めるためには，イメージ図（図7参照）を見て，上と下の差を取ってりんご2個が260円だということが容易にわかります。これがサブゴールの式になります。その結果260÷2で1個あたりの値段を求めることができます。

　このように与えられた前提だけで解釈する，他のいろいろな前提をもとにせずに結論を出す推論過程はメンタルモデルの操作と言えます。メンタルモデルの操作は少ない容量で行えるという長所があります。宣言的知識からいくつかの宣言的知識を推論させるときに有効な心的モデルです。

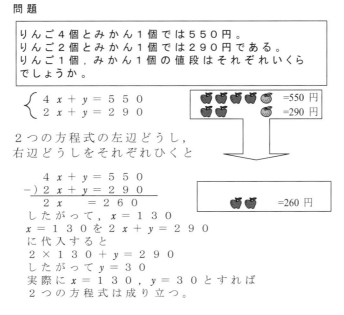

図7　連立二元一次方程式（加減法）の導入

　ただし，このイメージ図は，加減法の発想について認知的に支援はしてません。なぜなら，下の等式を上の等式に代入して290＋2×（りんごの値段）＝550→2×（りんごの値段）＝550－260というようにみることもできるので，上の等式から下の等式を引いたとは言い切れません。

　むしろ，等式の性質を認知的に支援するならば天秤モデル（図8）が必要です。

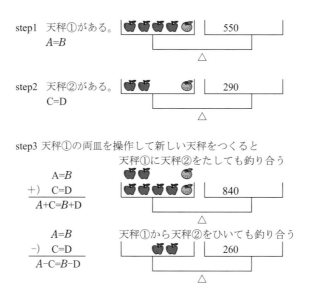

図8　天秤モデルによる等式の性質（等式変形の原理）

＜教科書のメタ認知的分析＞

次に，メタ認知的分析について述べます。「一元一次方程式を解くときにはどのような方針をたててから解きましたか」「連立二元一次方程式のサブゴールはどのような式だろうか」というようなメタ認知的知識を促す問いが必要です。

生徒は，既習として一元一次方程式の解法を学習しています。既習のメタ認知的知識を促す必要があります。なぜでしょうか。それは，簡単な一元一次方程式（$5x+3=23$ など）を解く場合，メタ認知的知識がなくても，イメージ図があれば解を逆算で求めることができます。しかし，先ほどから言っているように一元一次方程式解法の暗黙知として，「解くにはスタート→サブゴール→ゴールというように解法の流れがあること」と，「そのサブゴールをつくるためはスタートの式の左辺に数項があれば右辺に移項し右辺に文字項があれば左辺に移項する」というメタ認知的知識を意識することが必要です。一元一次方程式の解法で用いた認知と意識したメタ認知的知識を一元一次方程式だけで終わらせないで，連立二元一次方程式においても，使うことができることを認識することが，転移する学力を育てるという点から大切です。

通常教科書では，一元一次方程式と二元一次連立方程式について認知内容の系統化は行っています。しかし，メタ認知的知識レベルの系統化は行っていません。そのため，連立二元一次方程式を解く過程で一次方程式を解くという部分には関連を見つけやすいですが，その他には関連が見えにくいです。そのため，連立二元一次方程式は連立二元一次方程式のやり方（加減法・代入法）を覚えればよいという認識になりやすいのです。

では，「連立二元一次方程式の解法」の導入は，授業レベルでどう改善したらよいのでしょうか。

まず，解表現の問題があります。座標表現，括弧表現，$x=y=$表現と3つあります。座標表現は2直線の交点の見方につながります。括弧表現は連立三元一次方程式の式につながります。$x=y=$表現は一次方程式の解法につながります。それぞれの意図がありますが，私は$x=y=$表現を使います。理由は，メタ認知レベルで連立二元一次方程式と既習の一元一次方程式の関連がつけやすいからです。それは，既習の一元一次方程式の解法で使った②と③（P11参照）のメタ認知的知識は等式の性質（両辺型相殺原理）を使い$x=a$と変形させるからです。

また，連立二元一次方程式の解法は加減法と代入法がありますが，加減法から導入します。高校での代数方程式は数値代入が通常となり，代入法が高校に直結する本質的な解法となります。

にもかかわらず，加減法を先に行う理由は，一元一次方程式で学習したメタ認知的知識を想起させたいからです。そこで，スタート→サブゴール→ゴールという流れ図（図9）をイメージモデルとして最初に提示します。

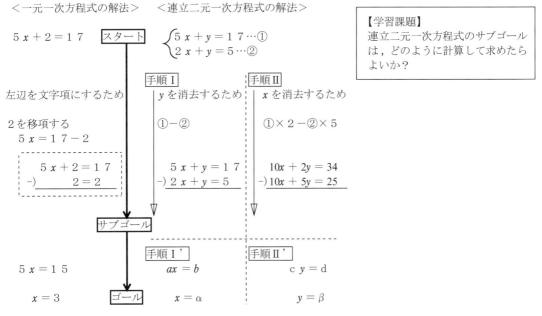

図9　一元一次方程式と連立二元一次方程式の解法の対比

この流れ図から，既習のメタ認知的知識を想起し意識できるようにすることが支援となります。すると，一元一次方程式の手続きはスタート→サブゴール→ゴールと単線的な手続きであり，連立二元一次方程式の解法はxを求める手続きとyを求める手続きと並列的な手続きであることがわかります。生徒には一元一次方程式のサブゴール→ゴールから，連立二元一次方程式のサブゴール→ゴールを類推させます。すると，連立二元一次方程式のサブゴール，xだけの方程式とyだけの方程式をどのようにつくればよいかが学習課題となります。

そのため，図9のように既習の一次方程式の移項の原理である等式の性質（両辺型数相殺原理）を筆算形式で示すことが，加減法の発想を促すために有効です。結果，連立二元一次方程式もサブ

ゴールを作るために両辺型相殺原理が必要になることを対比的に示せば，両辺型式の相殺原理が自然な発想としてでてきます。

その後，加減法は，図9のように最初4つの部分に区切って考えさせます，左のⅠとⅠ'はxを求める手続き，右のⅡとⅡ'はyを求める手続きと2つあり，いわば2系統の並列的な計算過程と捉えています。図10のように一般的な加減法は，この計算過程は上から下にⅠ→Ⅰ'→数代入→Ⅱ'と記述されており加減法という意味は捉えにくいものとなっています。学習の初期では，図9のようにx加減とy加減を並列的に加減法を理解させ，「加減-加減法」とネーミングします。

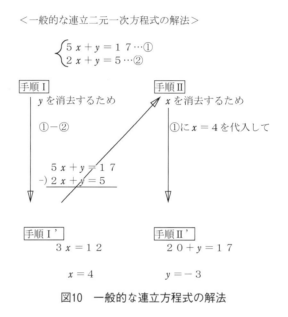

図10　一般的な連立方程式の解法

次に教科書にあるような1つの解が求まった後は元式に代入してサブゴールを作る一般的な解法を「加減-数代入法」ということにします。そこで，先に示した「加減-加減法」と「加減-数代入法」を対比することで，単線的な解法という「加減-数代入法」のよさ・価値が明確になります。

ここまでに述べたことをまとめます。教師は形式知の背後にある暗黙知（メタ認知的知識）を教材解釈によって明らかにします。次に，生徒がメタ認知的知識を意識するためには，教師によるイメージモデルの提示が必要です。そのイメージモデルから形式知を認知（認知的支援）させ，さらに暗黙知（メタ認知的知識）を意識させることの2つの支援が必要です。メタ認知的支援は単独ではなく，認知的支援をしてから行うことが条件です。また，そのイメージモデルは何を支援しているか適切に解釈することによって，暗黙知としてのメタ認知的知識が顕在化されます。

※本稿は，平成21年度免許更新講習（新潟大学）において，星野がゲストスピーカーとして講演したものを手直ししたものです。

第2講　数学的知識とメタ認知的知識

1．数学的知識の分類

　数学的知識は，宣言的知識，手続的知識，メタ認知的知識の3つに分類できます。

①宣言的知識（概念的知識も含む）
　（例）二等辺三角形の定義　〜とは〜である。
②手続き的知識（方略的知識も含む）
　（例）方程式の解き方のアルゴリズム　もし，〜ならば〜のように実行する。
③メタ認知的知識（メタ認知の役割を果たす宣言的知識，手続き的知識）
　①②は個々に存在しているが，③によって個々の知識を全体として統合（メタ認知的知識）して合目的的に制御できる。

　メタ認知的知識は，生徒が計算や証明など，数学的な問題解決の実行を制御する知識です。例えば，方程式の解法という手続き的知識の実行は，ゴール・サブゴール方略という手続き的知識がメタ認知の役割を果たしています。以下のように4つの場面が想定できます。

　　＜メタ認知的知識（認知のための認知）とは＞
　　○宣言的知識　⬅　宣言的知識（メタ認知的知識）　　**「概念のための概念」**
　　　　例　なぜ文字nは数の代わりに使うのか？
　　○宣言的知識　⬅　手続き的知識（メタ認知的知識）　　**「概念のための手続き」**
　　　　例　なぜ一元一次方程式は$ax+b=0(ax=b)$と定義するのか？
　　○手続き的知識　⬅　宣言的知識（メタ認知的知識）　　**「手続きのための概念」**
　　　　例　なぜ方程式は等式の性質を使って解を求めることができるのか？
　　○手続き的知識　⬅　手続き的知識（メタ認知的知識）　　**「手続きのための手続き」**
　　　　例　なぜ$(a+b)(c+d)$は，$ac+ad+bc+bd$の順で計算するのか？

このように宣言的知識と手続き的知識は，知識形成において互いにメタ認知（認知のための認知）の役割を果たします。メタ認知の役割を果たす宣言的知識と手続き的知識は，第1講で述べたように暗黙知になりやすいのです。そのため，教師が顕在化して示すことが必要です。

　中学校2学年題材「式の計算」で，$3x \times 4y$のような単項式の乗法を学習します。このような簡単な計算でさえメタ認知的知識を意識することが汎用的な学力の育成につながります。

　特に，この題材は中学校1学年題材「文字式の乗法」と計算手続きに大きな飛躍がなく学ぶ価値が一見希薄です。そのため，式変形の手続きを正しく再生するだけの機械的な計算学習が多く行われている題材ではないでしょうか。単項式の乗除計算について，少し前の資料ですが正答率・誤答・無答率を調べてみます。

18　第2講　数学的知識とメタ認知的知識

```
単項式の乗除計算の調査結果
```
＜単項式の乗法＞　　　　　　　　　　　　　＜単項式の除法＞
A1　$(-2x)^2 \times y$　　正答率61.9%　　　　A1　$15xy \div \dfrac{5}{4}x$　　正答率67.4%

B1　$4x \times 5y \times (-2y)$　正答率60.7%　　　B1　$6x^2y \div \dfrac{2}{3}xy$　　正答率62.1%

C1　$3x \times (-4xy)$　正答率84.2%
A1　$6x - 4y + 2y - x$　正答率87.1%
B1の主な誤答と無答率　$-40xy$または$40xy$(10.5%), $4x-10y$(8.4%)　無答率5.1%

教育課程実施状況調査報告書（平成13年）による

　結果を見ると，単項式の乗法は、単項式の加減と比較して累乗の計算を含むこと，2項の積よりも3項の積の方が処理に手間がかかるので正答率が下がることはわかります。しかし，乗法B1での誤答・無答率に着目すると，単項式の加減のメタ認知的知識が，単項式の乗除においても，誤ったメタ認知的知識として影響を与えていることが予想できます。

「式の同類項同士を集める　　　$3x+5y-7x-9y = (3x-7x)+(5y-9y)$」

「式の同類項同士を集める　　　$4x \times 5y \times (-2y) = 4x+\{5\times(-2)\}y$」

　認知・発達心理学では，領域固有性と転移可能性という次の枠組みがあります。

・最初に学習した計算問題と多少形が違った計算問題が出題されたとしても自ら原理・原則を調整して解決できる。
・計算を単なる暗記再生でなく，計算の目標を意識し，必要な知識・技能を適切に使い計算できる。

　また，問題解決過程において，学習者は領域固有の知識・技能と一般的方略とメタ認知的知識を使って問題を解決すると言われています。先ほどの数学的知識の分類で示した，宣言的知識，手続き的知識，メタ認知的知識の言葉を使って言えば次のような関係になります。

```
問題解決過程において学習者が必要とする知識
```
①②：領域固有の知識・技能
　　　（数学の宣言的知識・手続き的知識）　　　　　③：①②と②'について
②'：一般的方略　　　　　　　　　　　　　　　　　　　なぜ必要になるのか？
　　　（数学だけでなく一般的な手続き的知識）　　　どのように使えばよいか？
　　　　　　　　　　　　　　　　　　　　　　　　　というようにメタ認知の役割を果たす知識
　　　　　　　　　　　　　　　　　　　　　　　　　　　　　　　　（メタ認知的知識）

　これらの知見を受け，「単項式の乗法」と「単項式の乗除混合計算」で汎用性のある学力の育成を期待するにはどこに着目したらよいか，具体的に述べます。

＜単項式の乗法では＞

　数の乗法で乗法の交換・結合法則を学習したとしても，式の乗法でそれを転移してすぐに使えません。そこで，数の乗法（中1）と文字式の乗法（中1）と単項式の乗法（中2）において，乗法の交換・結合法則の使用についてのメタ認知的知識を構造化し教材構成することが汎用性につながります。

　例えば，計算の時「＝（イコール）」を板書するときに，単に「等しい」という意味だけで使っていることはないでしょうか。乗法計算（単辺型式変形）するときは，乗法の交換・結合法則を使うと言う意味で「＝（イコール）」を使うことが，数の乗法でも式の乗法でも使う知識・技能になります。数の乗法よりも式の乗法で，一層メタ認知的知識を意識して乗法の交換・結合法則を使うことです。

　つまり，乗法の交換・結合法則を使うためのメタ認知的知識として「何の目的で使うか」「どのような見通しをもてばよいか」を意識させます。すると今学習している単元で閉じることなく，新たな単元ではこのメタ認知的知識を調整して計算することが可能になります。

　中1で「3つの整数の積」を計算したときの目的・見通しとして「4と25の積は100なので4と25を集める」がありました。この場合は乗法の交換・結合法則を使う意味・意義が明確になっていますが、文字式では計算上の理由ですのでそれほど強くはありません。これが領域固有性と転移可能性ということです。よって，中2の単項式の乗法の初発の学習時に簡単に数の乗法の計算に触れておいてもよいと思います。（図1参照）

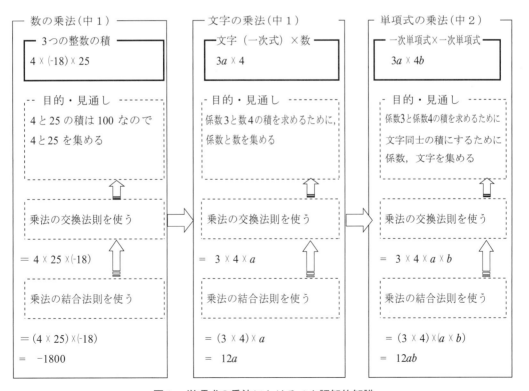

図1　単項式の乗法におけるメタ認知的知識

＜単項式の乗除混合計算では＞

数の乗除混合では左から2項を計算する通常の計算手続きがあります。また，「除法を乗法に還元する」「式全体の符号を決定する」その後計算するという方略があります。

$$-4\times(-18)\div\frac{3}{25} = 72\div\frac{3}{25} \qquad -4\times(-18)\div\frac{3}{25} = -4\times(-18)\times\frac{25}{3} \qquad -4\times(-18)\div\frac{3}{25} = +\left(4\times18\div\frac{3}{25}\right)$$
$$= 72\times\frac{25}{3}$$

（通常の計算）　　　　　　　　　　（乗法還元方略）　　　　　　　　　（符号決定方略）

これらの方略は，数だけでなく式の乗除混合計算でも適用できる汎用的な方略です。ただし生徒は意図的に使っていないことが多いので，単項式の乗除混合計算でも使うことができることを意識させます。

また，乗除が先で加減の学習が後だとすると，乗法還元方略を加法還元方略に変更し，加法の交換・結合法則を使って計算するというようにメタ認知的知識を調節させます。（図2参照）

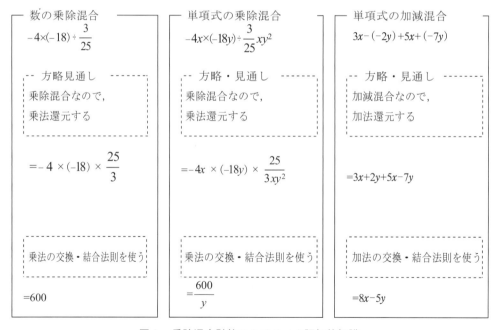

図2　乗除混合計算におけるメタ認知的知識

2．授業を実践する　単項式の乗法の学習で縦横の関連に配慮する

　単項式の乗法は，3つのねらいがあります。1つは，計算対象が拡張されたことに気づくことです。中1の「文字（一元一次単項式）×数」から中2では「n元m次単項式×n元m次単項式」というように，数から文字さらに整式へと拡張したことです。2つは，整数の乗法と整式の乗法の共通性を気づくことです。整数の乗法で行ってきた10を基底とする十進位取記数法の計算原理が，整式の乗法でも元を基底とする計算原理として保存されていることです。3つは，乗法計算では「①係数同士の積②文字同士の積を求める（目的）」「係数同士を集める，文字同士を集める（見通し）」というメタ認知的知識を意識して，乗法の交換・結合法則を根拠に乗法計算ができるようにすることです。

　このメタ認知的知識がメタ認知的技能として高まるため，「$3a \times 4b$」の計算問題例を使い，既習の数と文字と単項式の乗法を構造化し対比します。（図3参照）

　計算対象である単項式の種類，単項式の乗法の目的・見通し，がそれぞれ何であるかを問題解決的（発見的）に捉えさせます。その上で単項式の乗法計算では今までと同様に乗法の交換・結合法則を使う理由を確認します。次に，メタ認知的知識を強化するため，目的①の符号決定に注意すること，目的②の同じ文字の乗法では累乗表現に注意することを，強調して練習し，「$-3a \times 4ab$」でねらいが達成できたか評価します。（図3参照）その後は異例な問題を行います。

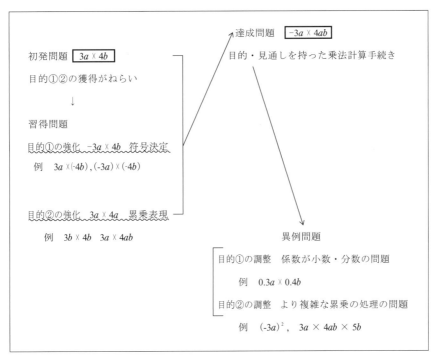

図3　単項式の乗法の指導の流れ

※本稿は，「学び直しで生徒の学習を確実に．星野将直．明治図書出版．数学教育2008年10月号」をメタ認知的知識の視点から改編したものです。

第3講 認知構造の変容とメタ認知的知識

1．認知構造の変容と接続3類型

　算数・数学の授業で，なぜ問題解決的な授業が多く行われるのでしょうか。それは問題解決によって認知構造の変容が期待されるからです。したがって，どのような推論によって，認知構造を変容できるか，またメタ認知的知識がどのように認知獲得にかかわっているか，という視点が必要になります。このため，既有の認知構造と変容させたい認知構造の関係が重要となるのです。

　認知心理学においては，認知獲得には，大きくは累加（accretion）と再構造化（restructuring）の2つがあります。また，金子忠雄氏によると，数学的な概念形成では，図1のように，旧認知M_0が，どのように再認知され新認知M_1を形成するかという視点に立つと，累積包括型・併立統合型・飛躍回帰型という3つの接続類型（以後「接続3類型」）があります。

＜累積包括型＞
M_0に含まれている数学的原理が，一貫してより広いM_1にも通用する場合

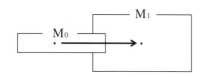

（例）2位数の積M_0－多項式の展開M_1
　2位数の積（既習）に潜在化している原理である筆算アルゴリズムを顕在化させる

＜併立統合型＞
M_0に含まれる数学的原理とM_1に含まれている数学的原理が対比的に提示され，それらを相補的に統合する場合

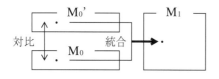

（例）正の数M_0－負の数M_0'
　正の数（既習）に潜在化している原理である（絶対数）（無向数）を顕在化させる

＜飛躍回帰型＞
M_0に含まれる数学的原理をそのまま延長せずに，飛躍した視点で新しい数学的原理を含んだM_1に移り替えることによって，改めてM_0をM_1によって見直される場合

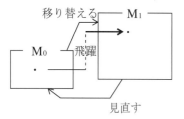

（例）平方完成M_0－因数分解M_0'
　平方完成（既習）に潜在化している原理である（完全平方）を顕在化させる

図1　接続3類型

これをメタ認知的知識の顕在化の視点からみると，下線部にあるように，M_0に数学的原理はすでに潜在化しておりそれを顕在化すればよいわけです。つまり，M_0の数学的原理を拡大したり，対比したり，切り替えしたりしてM_1に変容するということです。そのため，M_0とM_1の接続関係を考えることは大変意味があります。接続3類型を考察するということは，M_0の数学的原理をもとにM_1を自然な推論で導くことができるということです。具体的に示してみます。

2．接続3類型とメタ認知的知識

　例えば，小学校1学年で初めて加法を学習します。このとき加法場面（文章題に情景図も含む）の意味には主として合併型と増加型があります。合併型は「同時に存在する2つの数量を合わせた大きさを求める場合」です。増加型とは「初めにある数量に追加したり，それから増加したときの大きさを求める場合」です。（啓林館ホームページより）

　また，学校図書の用語集では，合併型は，同時的場面（2つの数量が同時にあるとき，それらの数量を合わせた全体の数量の大きさを求める場面），増加型は継時的場面（初めに1つの数量があり，その数量にある数量をつけ加えるとき，全体の数量の大きさを求める場面）とあります。

　すると，「Q1合併型と増加型の接続3類型はどのタイプだろうか？」という疑問が最初に出てきます。このとき分析の視点で大切なことは，

```
    「ア」              「イ」           「ウ」
 文章題（情景図を含む）－「エ」－ タイル図 －「オ」－ 式
```

のように抽象化されますので，「ア」「イ」「ウ」のような内容分析と，「エ」「オ」のような関係分析の2つがあります。

「ア」について：文章題（情景図も含む）では省略されている内容を顕在化することが大切です。$A+B=C$となるとき，対象の入る場所（A, B, C）と時系列と文脈の意味を顕在化します。すると，増加型は「Aが先に待っていること」と「Bが移動する理由」があること，合併型は「AとBが対等な関係であること」と「AとBが同時に移動し集合する場所」が，文章題（情景図を含む）に表現されているかが分析の視点です。よって増加は「継時性」「非対等性」，合併は「同時性」「対等性」をそれぞれもちますので，併立統合型であると考えます。

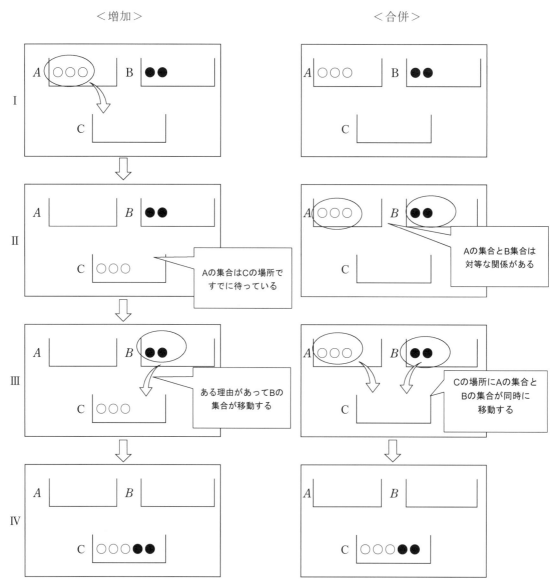

図2　加法の文章題・情景図の分析

よって、「Q2併立統合型とすると、合併型と増加型のどちらを先に学習させるとよいのか」が次の疑問点となります。

「イ」「エ」について：「ア」の文章題（情景図を含む）の時系列のⅢから、2層タイル図の操作は、増加型が一方が移動するタイプ、合併型が両方が移動するタイプということがわかります。タイル図の操作だけを考えれば増加型を既習原理としてしまえば累積包括型になります。しかし、「ア」の文章題の分析から併立統合型とします。とすると、どちらを先に学習したらよいかという議論になります。

加法＝ 一方を移動する　　　　加法＝ 一方を移動する ＋ もう一方を移動する

（標準構造）

図3　加法のタイル操作

　それは，合併型M_0→増加型M_0'，増加型M_0→合併型M_0'が考えられますが，一方が移動する増加型を標準と考えると，一方を移動し，さらにもう一方を移動する合併型は，そこから導かれるはずと考えます。

「ウ」について：3 + 2 = 5 の式については，数式を書く順番からは「3」→「+」→「2」→「=」→「5」となり，「3」がはじめにあり，「+」の後に「2」がくるので，増加型の方が先だと加法だとわかりやすいはずです。このことは「イ」と一致します。

「オ」について：「Q3併立統合型とすると，合併型と増加型を統合してどちらも加法と認識するためにはどう支援したらよいか」という統合の視点です。

　式3 + 2 = 5はデジタルなイメージモデルですが，演算記号＋だけではどちらも加法としての意味は子どもにはわかりません。そこで，幾何的なイメージモデルが必要です。それは2層タイル図を使うと，合併も増加もどちらも加法であるということがわかります。2層タイル図は「①加法という演算の意味（合併・増加）と②結果である和の保証」の概念獲得を支援することができます。

```
代数的なイメージモデル        幾何的なイメージモデル（2層タイル図）

3 + 2  =  5        →     左辺が  □□□■■   加法の意味（合併・増加）
左辺      右辺             右辺が  □□□□□   結果が5であることの保証
```

図4　加法認識のイメージモデル

よって，「ア」～「オ」の議論から，図5のように併立統合型の認知変容を期待できます。

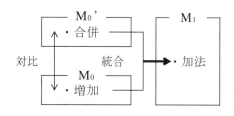

合併型：同時に存在する2つの数量を合わせた大きさを求める場合

増加型：初めにある数量に追加したり，それから増加したときの大きさを求める場合

図5　加法の2重構造（金子忠雄氏による）

　授業においては，増加型の文章題（情景図を含む）として「3＋2」から導入します。文章題（情景図を含む）→タイル図の操作→3から2増えて5となることを「3＋2＝5」と書くことを教えます。このとき文章題（情景図を含む）では，「Aが先に待っていること」と「Bだけが移動する理由」があることを強調しておいて他の類題でも意識させておく必要があります。

　次に合併型の文章題（情景図を含む）として「3＋2」を提示します。合併型は「AとBが対等な関係であること」と「AとBが同時に移動し集合する場所」があることから，増えるタイプの文章題でなく，合わせるタイプの文章題もあることを対比的に確認します。その上で，合わせるタイプの文章題は足し算かどうかをタイルの操作に着目させて思考させます。

　タイル操作の違いは，Aを移動する→Bを移動するとすれば増えるタイプと同様であること，結果の和が■■■■■であることから足し算であることがわかります。このように増加型と合併型を加法として統合します。

　加法における増加型と合併型だけでなく，減法の求残型と求差型，乗法の正比例型と倍比率型，除法の正比例型の逆算（包含除，等分除）と倍比率型の逆算（包含除，等分除）にも同様（図6）のことが言えます。

　四則演算においては，2重構造場面がそれぞれあります。きちんと演算の種類ごとに見分けることができること（対比），およびそれら2重構造場面が同一の演算で表現できる（統合）という2つの認識が重要です。また，増加型と合併型と同様に，演算ごとに対になっているうちの前者は標準構造として，後者はそこから導かれる構造として前者に対応づけ，数学的な原理をメタ認知的知識として意識させることが必要となります。

　では，顕在化された数学的原理をメタ認知的知識として意識させるには，接続3類型においてどのような推論の促しが必要となるのでしょうか。

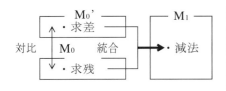

求差型：2つの数量の差を求める場合

求残型：初めの数量の大きさから，取り去ったり，減少したときの残りの大きさを求める場合

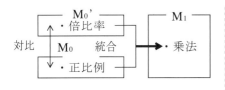

倍比率型：（もとにする量）×（倍量）＝（延べ総量）
　　　　　例「8 cmのテープ5倍の長さは40 cm」
正比例型：（単位当たり量）×（単位延べ分量）＝（延べ総量）
　　　　　例「一皿5個のみかん4皿分で20個」

※直積型は次の学年で併立統合

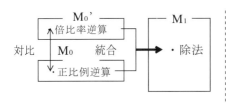

倍比率型逆算：（延べ総量）÷（もとにする量）＝（倍量）
　　　　　　例「40 cmのテープは8 cmの5倍の長さ」包含除
　　　　　（延べ総量）÷（倍量）＝（もとにする量）
　　　　　　例「5倍が40 cmになるのはもとが8 cm」等分除
正比例型逆算：（延べ総量）÷（単位当たり量）＝（単位延べ分量）
　　　　　　例「20個のみかんは1人5個で4人分」包含除
　　　　　（延べ総量）÷（単位延べ分量）＝（単位当たり量）
　　　　　　例「20個のみかんを4人で等分すると1人分5個」等分除

図6　減法，乗法，除法の2重構造場面（金子忠雄氏による）

3．累積包括型におけるメタ認知的知識

　累積包括型は，旧認知M_0と新認知M_1では数学的原理に一貫性があります。新認知の世界においても旧認知での数学的原理が適用できるという，数学的原理の本質性が認知獲得にかかわっています。そのため，旧認知M_0で潜在化していた数学的原理を顕在化します。次に類推的な思考を促し，新認知M_1を獲得させます。ところで，類推（アナロジー）による推論は，ターゲット問題の表象→ベースの探索→写像→正当化という過程によって成立すると言われています。

　例えば，中学校3学年題材「式の計算」で扱う展開とは「和積型の式を積和型の式に変形する特別な計算」です。しかし，展開の計算手順のみが強調されて，特別な計算という意味を意識することはほとんどありません。

　実際，$(a+b)(c+d)$の計算は，次のように，片方をMに置き換え計算します。

　これでは，生徒にとっては従来と同様の分配法則を使った計算と思わざるを得ません。

$a+b = \mathrm{M}$ と置くと $\quad \mathrm{M}(c+d) = \mathrm{M}c + \mathrm{M}d$
$$= (a+b)c + (a+b)d$$
$$= ac + bc + ad + bd$$

では，どのようにメタ認知的知識を意識させたらよいのでしょうか．次の2つがあります．

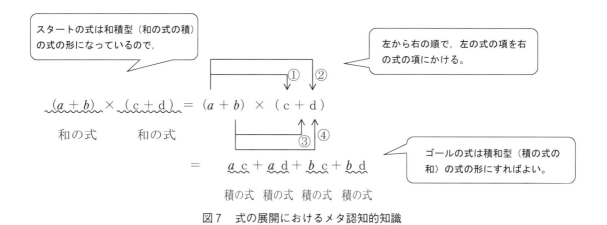

図7　式の展開におけるメタ認知的知識

式の展開におけるメタ認知的知識
- ○スタートの式が和積型（和の式の積）になっているので，
　ゴールの式は　積和型（積の式の和）にすればよい．
- ○積の式は，左から右の順で，左の式の項から，右の式の項にそれぞれかければよい．

そこで，旧認知M_0を2桁の整数の筆算による乗法とします．23×45という計算は筆算で計算する場合，十進位取り記数法の原理を根拠とするので，「位の低い数から高い数の順で，乗数を被乗数にかける」ことになります．この計算を横書きで示すことで旧認知M_0に潜在化していて気がつかなかった数学的原理を顕在化します．

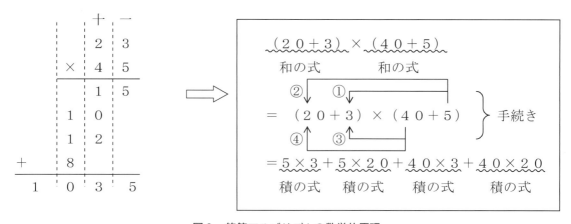

図8　筆算アルゴリズムの数学的原理

(20＋3)×(40＋5)の計算と対比すると，(a＋b)(c＋d)はどのような計算手続きになるかが課題になります。「(和の式) × (和の式) = (積の式) + (積の式) +…の式の形にするには①②③④をどのような順でかけ算をしたらよいか」とこれが類推の対象になります。

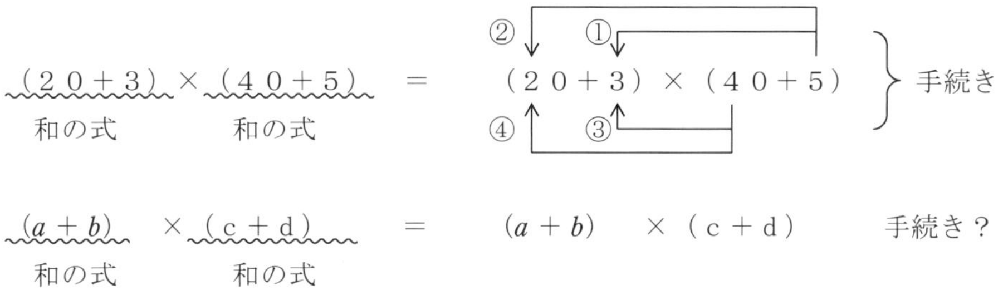

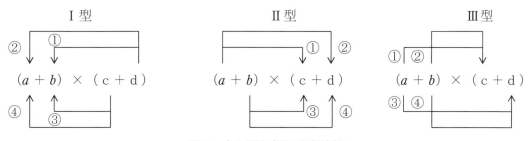

図9　式の展開手順の類推

実際の反応は，次の3つです。積の和はどれも同じなので，答えが正しいことを確認し，①②③④の順はどれがよいか収束させることが必要となります。

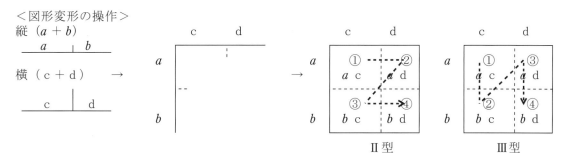

図10　式の展開手順の類推応答

教師側からの支援として，縦(a＋b)横(c＋d)の長方形の面積図を提示します。それは，(a＋b)(c＋d)の計算は，23×45の筆算計算と違い，位の高低を考えないということです。すると①は左上がふさわしいことからⅡ型（Z）とⅢ型（N）のどちらかということになりました。次に図形の世界では「左→右，上→下」のようにみることが多いという話をしてⅡ型に教師が介入して収束させました。

図11　式の展開の図形操作対応

ここで，認知とメタ認知の姿をまとめると次のようになります。

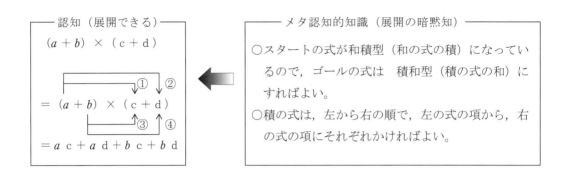

展開の習得段階では，メタ認知的知識を意識しながら学習し徐々に暗黙知となるように教材構成します。式（整式）計算には，交換・結合・分配法則を使う四則演算を「普通の計算」と言うのに対して，スタート→ゴールの式の形が規定されてる展開・因数分解を「特別な計算」とカテゴリー化したり，スタートの式が展開の対象となる式かどうかパターン認識させます。さらに，2項式×3項式，3項式×3項式でも積の式の順を正しく理解できているかを確認します。

以上をまとめると＜累積包括型＞ではM_0に含まれている数学的原理が，一貫してより広いM_1にも通用する場合には，M_1獲得の時に数学的原理をメタ認知的知識として，暗黙知化します。

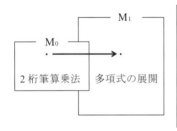

2桁の乗法を筆算で計算するときの「位の低い数から高い数の順で，乗数を被乗数にかける」という原理を，多項式の展開では「左から右の順で，左の式の項から，右の式の項にそれぞれかける」に調整的に適用する。

図12　累積包括型の認知変容のメタ認知的支援

4．併立統合型におけるメタ認知的知識

併立統合型は，旧認知M_0の数学的原理をより一般化して新認知M_1を獲得します。ここでもより一般化された数学的原理の本質が認知獲得にかかわっています。支援の方法は，旧認知M_0の数学的原理を顕在化し，対比的な思考から対立点を明らかにし新認知M_0'を認知させます。次に，M_0とM_0'に潜在化している一般性の高い数学的原理を与えて，帰納的な思考によってM_0とM_0'をM_1に統合させます。統合の思考は主に帰納的な推論となります。その過程は，事例獲得→仮説形成→仮説検証という過程によって成立すると言われています。

例えば，中学校3学年題材「平方根」で根号のついた数を扱います。ここでの既習題材M_0は有理数，本習題材M_1は無理数であり，併立統合型です。

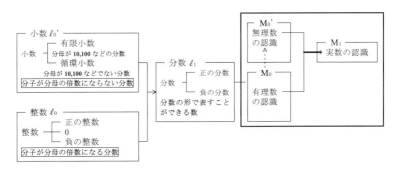

図13　平方根の教材構成

よく平方根の導入では，「2乗するとaになる有理数（整数・小数・分数）」を考え，$a=2$の場合の正方形の図をかき，その一辺の長さを考察することから始まります。この場合$\sqrt{2}$を新しい数と捉えることは難しいです。なぜならそれまで学んだ数を有理数であると再体系化していないからです。その後，$\sqrt{2}$を新しい数と捉えることなく，近似値を求めたり，大小関係を調べたりして，四則計算の学習に進み，最後に実数の言葉がなく有理数・無理数にまとめるといった流れが多いです。

では，どのようにメタ認知的知識を意識させたらよいのでしょうか。

有理数の定義は「2つの整数a，b（ただしbは0でない）をもちいて$\frac{a}{b}$という分数で表せる数」です。有理数認識のためのメタ認知的知識として「なぜ分数で表すのか。分数の発想はどこからきたのか」「なぜ整数・小数は分数に統合できるか」「整数・小数はなぜ分数表現できるか」を認識しておくことが必要です。

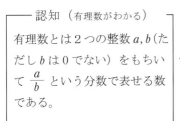

認知（有理数がわかる）
有理数とは2つの整数a, b（ただしbは0でない）をもちいて$\frac{a}{b}$という分数で表せる数である。

メタ認知的知識（有理数の暗黙知）
・なぜ分数で表すのか。分数の発想はどこか。
・なぜ整数・少数は分数に統合できるか。
・整数・少数はなぜ分数表現できるか。

図14　有理数のメタ認知的知識

最初に，有限小数はすぐに分数に直せるが，循環小数はすぐには直せないこと，循環節に着目すれば分数に直せることを学んでおきます。次に，整数とは「分子が分母の倍数になる分数」，有限小数は「分母が10，100などの分数」，循環（無限）小数は「分母が10，100などでない分数」のように分子と分母の特徴で分類させます。このように，どちらも分数の形で表せる数として統合しておきます。さらには，四則演算の可能性と数の拡張という視点に立てば，分数は，自然数→整数→有理数と拡張してできたことにも気がつきます。平方根の導入前に，これまで学んだ数はすべて有

理数であるということを認識させておくことが必要です。結果,「2乗して2になる数は新しい数と言えますか」という学習課題では既習と未習が対比的に思考ができて,$\sqrt{2}$ が新しい数（無理数）であると認識できます。このように併立統合型と捉えることによって,メタ認知的知識を意識した数概念の形成をめざすことができます。

　授業では,平方根の導入は,「有理数 a を2乗してできる数」から「2乗して有理数 a になる数」というように既習と未習に分けて学習します。「2乗して有理数 a になる数」の計算は2乗根（平方根）という新しい計算であると定義します。ここでは,平方根計算という演算的側面を明らかにします。

　例えば,$a = 1, 2, 4, 0.3, 0.09, \frac{1}{5}, \frac{25}{36}$ のとき,a の平方根を計算すると $a = 1, 4, 0.09, \frac{25}{36}$ は,$\pm 1, 2, 0.3, \frac{5}{6}$ とわかるので,1, 4 の平方根は ± 1, ± 2 という整数,0.09 の平方根は ± 0.3 という小数,$a = \frac{25}{36}$ の平方根は $\pm \frac{5}{6}$ という分数になります。「2, 0.3, $\frac{1}{5}$ の平方根は有理数（整数,小数,分数）だろうか」と投げかけ,2 の平方根の計算方法を追究します。2 の平方根を分数と仮定するおなじみの背理法での証明は困難ですので,$x^2 = 2$ となる数 x の近似値をはさみうち法で求めさせます。すると,非循環小数になることに着目させ,2乗すると2になる数は「整数でない」「有限小数でない」「循環小数でない」ことから有理数でないので,無理数という新しい数であることを認識させます。新しい数には,分数が出てきたときと同様に,新しい表現方法がある。2乗して a になる数を,$x^2 = 2$ の解（根）の意味から $\sqrt{}$ を使い,$\pm\sqrt{2}$ と表す。このように $\sqrt{}$ の演算的側面も示し無理数を認識させます。

　統合的視点は,「実数は同一数直線上の点として表される」という一般性の高い原理なので教師側から示します。「有理数と無理数の共通点は何だろうか」「有理数は数直線に表すことができるが,無理数は数直線に表すことができるだろうか」などと促した後,$\sqrt{2}$ は正方形の一辺で表すことができたり,$3+\sqrt{2}$ なども数直線上に表すことができることから,無理数も有理数と同様に数直線上に存在することを示します。単元末にはこのように統合し実数を認識させます。

　ところで,$3+\sqrt{2}$ など数直線上に表せることは,「有理数＋無理数」表現されている数が体になることを示しています。有理数体と実数体には無数の体が存在して「有理数＋無理数」表現されている数が拡大体ということです。それは,分母の有理化も拡大体になっているか確かめるということです。例えば $\frac{7}{\sqrt{2}}$ は,なぜ分母を根号のない数にするのでしょうか。

　数学的には,拡大体の見方が必要になります。では体とは何でしょうか。また,拡大体とは何でしょうか。体とは加・減・乗・除をした結果をすべて含む集合です。

　自然数の集合であれば,

　（自然数）＋（自然数）＝（自然数），（自然数）×（自然数）＝（自然数）となりますが,

　（自然数）−（自然数）＝（自然数），（自然数）÷（自然数）＝（自然数）となりません。

　よって,自然数の集合は体ではありません。

　整数の集合であれば,

　（整数）＋（整数）＝（整数），（整数）−（整数）＝（整数），（整数）×（整数）＝（整数）となりますが,（整数）÷（整数）＝（整数）となりません。

よって，整数の集合は体ではありません。とすると，体は有理数から始まります。
　有理数（分数で表される数）の集合であれば，
　（有理数）＋（有理数）＝（有理数），（有理数）－（有理数）＝（有理数），
　（有理数）×（有理数）＝（有理数），（有理数）÷（有理数）＝（有理数）となります。
　よって，有理数の集合は体であるので，有理数は有理数体です。
　このことは，実数と複素数についても同様に成り立ち，有理数体（Q）⊂実数体（R）⊂複素数体（C）という関係になります。このとき，有理数体は実数体の「部分体」，実数体は有理数体の「拡大体」といいます。ここで大事なことは，有理数体と実数体の間には無数の体が存在することです。
　例えば，有理数体（Q）に，たった1つの無理数$\sqrt{2}$を加えれば，これは1つの体となり，「拡大体」です（Q($\sqrt{2}$)と表す）。これが本当か確かめます。

Q($\sqrt{2}$)の元は，$a, b \in $ Q として，$a+b\sqrt{2}$ （有理数と無理数の和）と表すことができます。
任意の2つの元($a, b, c, d \in $ Q)に対して加・減・乗を行います。

$(a+b\sqrt{2})+(c+d\sqrt{2})=(a+c)+(b+d)\sqrt{2} \in $ Q($\sqrt{2}$)

$(a+b\sqrt{2})-(c+d\sqrt{2})=(a-c)+(b-d)\sqrt{2} \in $ Q($\sqrt{2}$)

$(a+b\sqrt{2})\times(c+d\sqrt{2})=(ac+2bd)+(ad+bc)\sqrt{2} \in $ Q($\sqrt{2}$)

となるのでQ($\sqrt{2}$)の元です。ところが，除法の場合はどうでしょうか。

$(a+b\sqrt{2})\div(c+d\sqrt{2})=\dfrac{a+b\sqrt{2}}{c+d\sqrt{2}}$ となるのでQ($\sqrt{2}$)の元であるかどうか明確ではありません。

そのため，「分母の有理化」という手続きが必要になります。

$\dfrac{(a+b\sqrt{2})\times(c-d\sqrt{2})}{(c+d\sqrt{2})\times(c-d\sqrt{2})}=\dfrac{(ac-2bd)+(-ad-bc)\sqrt{2}}{c^2-2d^2} \in $ Q($\sqrt{2}$)

これが分母を有理化する理由と言えます。
　この様な，数学的な説明は生徒にそのままできないにしても，どの体に属すかなど既習事項に思い当たるところがあることは触れておきたいものです。

　例えば，仮分数はどのような数か。

$\dfrac{7}{2}=3\dfrac{1}{2}\left(3+\dfrac{1}{2}\right)$とすれば，整数と真分数の和になっているので分数です。

　例えば，分母に小数がある分数はどのような数か。

$\dfrac{7}{0.2}=\dfrac{7\times10}{0.2\times10}$のように，分母・分子に10をかけると$\dfrac{70}{2}=35$となり整数です。

では，分母に平方根がある分数はどのような数か。

$\dfrac{7}{\sqrt{2}} = \dfrac{7 \times \sqrt{2}}{\sqrt{2} \times \sqrt{2}}$ のように，分母・分子に $\sqrt{2}$ をかけると $\dfrac{7\sqrt{2}}{2} = \dfrac{7}{2}\sqrt{2}$ となり

$a \times \sqrt{2}$ なので平方根です。

5．飛躍回帰型におけるメタ認知的知識

飛躍回帰型については，旧認知M_0と新認知M_1では原理に一貫性がないので，単に旧認知の追求原理を対比的に提示しただけでは推論によってすぐに新認知を導出することはできません。したがって，媒介認知を支援として入れることが必要です。すると，4タイプに分けられます。旧と新の認知の距離を少なくし，①のように累積包括型にするか，できるだけギャップの少ない飛躍回帰型にしておくとよいです。

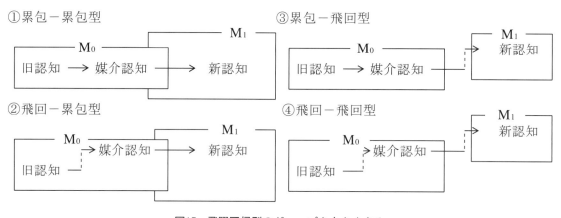

図15　飛躍回帰型のギャップを小さくする

それでも，②③④の飛躍のある場合については，旧認知と新認知を構造的に比較させ，新認知の原理のよさを際出たせ，新認知M_1を納得して受け入れさせることが大切です。

飛躍のある場合の推論は，目標を明確にして，目標－手段スキーマ（因果スキーマ）を用いる実用的推論スキーマによる獲得という過程によって成立しているとみることもできます。

例えば，高等学校数学Ⅰの単元「二次関数」で扱う次の問題です。

> a を定数とする。二次関数 $f(x) = x^2 - 2ax + 4 (1 \leq x \leq 3)$ の最大値・最小値を求めよ。

高校1年生で高校数学の最初の壁にぶつかります。この壁の1つとして二次関数の最大値・最小値問題があります。この問題が壁となる理由は，変数 a の値による場合分けの難しさではないでしょうか。

実際，$f(x) = x^2 - 2ax + 4 (= (x-a)^2 - a^2 + 4)$，軸は $(a, -a^2 + 4)$ なので，最大値・最小値は a の

値によって次の5つの場合があります。

① $a \leq 1$	のとき	最小値 $f(1) = 5 - 2a$	最大値 $f(3) = 13 - 6a$
② $1 < a < 2$	のとき	最小値 $f(a) = -a^2 + 4$	最大値 $f(3) = 13 - 6a$
③ $a = 2$	のとき	〃	最大値 $f(3) = f(1) = 1$
④ $1 < a < 3$	のとき	〃	最大値 $f(1) = 5 - 2a$
⑤ $3 \leq a$	のとき	最小値 $f(3) = 13 - 6a$	最大値 $f(1) = 5 - 2a$

　中学校3年の単元「関数 $y = ax^2$」では，$a > 0$ のとき関数のグラフは上に開く。$a < 0$ のとき関数のグラフは下に開く。このように変数 a が正か負の場合についてのみの場合分けしかありません。よって，中・高の接続は飛躍回帰型の認識となります。高等学校の数学で変数 a の値による場合分けという技能的な側面の指導を重視する理由もわかります。しかし，②の飛回－累包型というように教材構成し中・高の認識ギャップを乗り越えさせます。

　既習内容として $f(x) = x^2$，媒介として $f(x) = x^2 - 3x - 4$，本習内容として
　$f(x) = x^2 - 2ax - 3$ を使い，それぞれ $1 \leq x \leq 3$ での最大値・最小値を考えさせます。

　中学校で扱う関数は単調増加・単調減少が主ですので，x が増加するとき y の変化の考察の意義はなかなか見い出すことはできませんでした。そのため，$f(x) = x^2$ と $f(x) = x^2 - 3x - 4$ の対比によって，「なぜ関数の変化を調べるのか。x が増加するとき y の変化はどのようになるか」という関数の分析についてのメタ認知的知識を意識させます。また，定義域の中に極値が入り最大・最小を考察することは，同様にメタ認知的知識を意識させるのに意味があります。

　そのため，「$f(x) = x^2$ と $f(x) = x^2 - 3x - 4$ で，$(1, 3)$ 区間で x が増加するとき y はどのように変化しますか」のように，$f(x) = x^2$ は単調増加だが，$f(x) = x^2 - 3x - 4$ はグラフをしっかりとかいてから変化を調べてみないとわからないということになります。

　$f(x) = x^2$ のグラフは「原点を通り上に開く曲線」→「下に凸なので頂点（原点）が下にある」。ということは，$(1, 3)$ 区間で x が増加するとき y は増加する。単調増加なので $f(1)$ が最小値，$f(3)$ が最大値となります。

　$f(x) = x^2 - 3x - 4$ のグラフは最初に変形します。
$= \left(x - \dfrac{3}{2}\right)^2 - \dfrac{25}{4}$ なので軸は $\left(\dfrac{3}{2}, -\dfrac{25}{4}\right)$

「$\left(\dfrac{3}{2}, -\dfrac{25}{4}\right)$ を通り上に開く曲線」→「下に凸なので頂点 $\left(\dfrac{3}{2}, -\dfrac{25}{4}\right)$ が下にある」ということは，$(1, 3)$ 区間で x が増加するとき，$x = \dfrac{3}{2}$ までは y は減少し，$x = \dfrac{3}{2}$ からは y は増加する。定義域で，単調減少→極値（最小値）→単調増加であるので，最小値は $f\left(\dfrac{3}{2}\right)$，最大値は $f(1)$ か $f(3)$ のどちらかとなります。

　このように，$x - y$ 変化の分析の意義を意識させながらグラフの形状と最大・最小の考察をさせます。結果メタ認知的知識を意識して小さいギャップの飛躍回帰型の認知変容が可能となります。

36　第3講　認知構造の変容とメタ認知的知識

ギャップ1：定義域の意識：(-∞, ∞)区間→(1,3)区間→($a,a+1$)区間のように変動があること

　〃　2：グラフの極値の意識：原点→$\left(\dfrac{3}{2}, -\dfrac{25}{4}\right)$→$(a, -a^2+4)$のように移動すること

──認知（関数）──
$f(x)=x^2$と
$f(x)=x^2-3x-4$の
$1\leqq x\leqq 3$での最大値・最小値を求めることができる。

──メタ認知的知識（関数の暗黙知）──
・なぜ関数の変化を調べるのか
　「xが増加するときyの変化はどのようになるか」
・なぜ関数のグラフをかくのか
　「定義域と値域を意識してグラフをかく」
・極値（最大値・最小値）をなぜ考えるのか
　「単調増加・減少とは限らないので極値が重要だ」

図16　二次関数の最大値・最小値のメタ認知的知識

　二次関数の指導といったら放物線＝変数 a の値による放物線の位置関係というように解析幾何的にグラフを扱っていたのではないでしょうか。関数の見方や分析で大切にしたいことは，「増加・減少，変化の仕方，単調増加（減少）→最大・最小→単調減少（増加）」でしょうか。つまり，この関数はどんな変化をするのか，その結果グラフはどのような曲線になっていくのか，というように一貫して意識させることが必要です。

　さて，既習と媒介の対比の後は，累積包括型の認知変容となります。

　本習内容 $f(x)=x^2-2ax+4$ の関数の変化の特徴は，単調減少→最小値（極値）→単調増加です。よって，最小値である極値 $x=a$ が定義域 $1\leqq x\leqq 3$ に入るか，入らないかを第一に問う必要があります。その上で，最大値は，最小値が定義域に入る場合にのみ端点に大小関係が起こることに気づかせます。すると二次関数のグラフは軸で線対称になるという幾何的な知識が必要となり，定義域の中点 $x=2$ と極値の関係に帰着します。支援としては区分図を用いて，極値が定義域に入るかどうかで二分します。次に極値が定義域の中点と一致するかどうかで二分します。

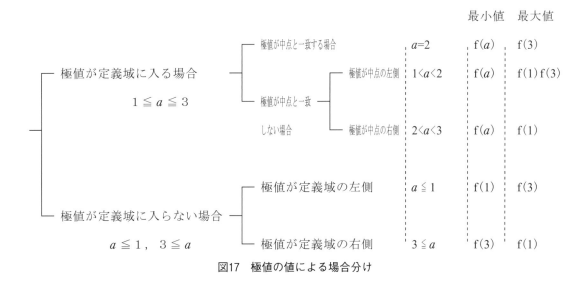

図17　極値の値による場合分け

　中学校の3年の二次関数でも関数の増減を扱います。「負の範囲ではxの値が増加するにつれてyの値は減少する。yの値は$x=0$のとき最小になる。正の範囲ではxの値が増加するにつれてyの値は増加する」このことはグラフをみれば明らかなので，授業では軽い扱いでした。しかし，上記の問題の解決をみたとき，極値に対しての単調増加・減少という視点で，関数の変化を分析することが重要であり，高校数学への接続には意味があります。このように，中高連携という視点から現在指導している多くの中学校数学題材の扱いについて再考することは，意義があります。

第4講　学習の転移とメタ認知的知識

　第3講では算数・数学の問題解決学習で期待されている認知構造変容の姿と，その時にどのようにメタ認知的知識が認知獲得にかかわっているか，ということを具体例で考察しました。

　なぜメタ認知的知識を意識することが活用力を高めていくことになるのでしょうか。第4講では，学習の転移とメタ認知的知識の関係を考察します。

1．学習の転移とメタ認知的知識

　メタ認知的知識の意識は学習の転移に大きく影響します。学習の転移とは，以前に行われた学習が後の学習に影響を及ぼすことです。ここで転移する対象は，「一般的な思考・技能と学習方略」→「領域固有の知識と学習方略」→「メタ認知を伴った領域固有の知識と学習方略」と歴史的に捉え方が変わっています。このことは知識の獲得には「領域固有性」ということが必要であると熟達化研究によって明らかにされたことに影響されています。知識は獲得される文脈に依存しており，獲得された場面と異なる文脈や，特に日常などの場面では，その知識が転移されにくいということです。基礎・基本を定着させれば簡単に応用問題が解けることにならないということです。したがって，「知識の領域固有性」ということと「学習の転移」ということをタイアップして，学習課題と課題系列を構成することが大切だということです。

　特に初発の課題においては，生徒の既有知識との関係を重視し，実感を伴う理解（固有性）と同時に，知識の一般性や汎用性（転移可能性）をメタ認知的知識として獲得しておくことが必要です。

　メタ認知のない知識は，よく心理学の実験ででてくる無意味綴り語の記憶実験が示しているように，定着率はかなり低いです。転移の原則としては，「認知とメタ認知の両方を強調すること」が条件です。ブルーナーの言葉を借りれば，特殊的転移と非特殊的転移の2つの転移があり，非特殊的転移は原理も転移するので強い転移力があります。

　例えば，図1は，小学校の2位数－2位数の繰り下がりのある減法での，特殊的転移と非特殊的転移の例です。非特殊的転移を生じさせるためには，初発問題でメタ認知的知識を意識させ，次に非同型の問題でメタ認知的知識を適用させながら学習することが必要です。

< **specific transfer** 特殊的転移 ＞固有の転移

このような場合は合同で，できるのが通常です。誤応答は反復練習で解消できます。

< **non-specific transfer** 非特殊的転移＞非固有の転移

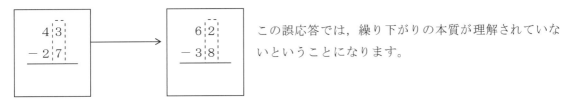

この誤応答では，繰り下がりの本質が理解されていないということになります。

図1　特殊的転移と非特殊的転移

非特殊的転移をねらうためには，一の位の（被加数，加数）が(3, 7)の場合を学習した後に，(1, 7)(2, 7)のような同型問題を選ばないことが原則です。

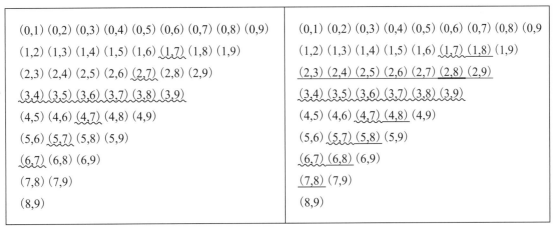

図2　同型問題と非同型問題

この繰り下がりのある減法のメタ認知的知識は十進位取り記数法の原理となります。原理を意識させるには，位取り板とテープカードの操作のルールをもとにして筆算で計算します。筆算をはじめとして，アルゴリズムの獲得の学習の時には，転移ということが明確にでてきます。

このように，認知とメタ認知をともに強調した学習をすることによって，個別例の操作の中から一般性を抽出し，他の同質例に転移することができる能力（非特殊的転移力）を生徒につけること

ができます。

　特に，前の問題解決で成功したメタ認知が，非固有な場面で成功することにより強いメタ認知を伴った知識獲得ができます。したがって，メタ認知的知識を意識できる認知的な支援を行うことと，教材の配列や例題系列を考慮することでメタ認知的知識の適用が再度成功するという指導を組むことが大事な支援となります。

2．数学的な活用力を育むための教材構成の方法

　題材内，単元内，単元間，小・中・高間で，初発の課題でメタ認知的知識を意識させ，それが再度成功するための教材構成の方法を2つ示します。
　<u>1つは，メタ認知適用の視点から「二次元表」で分類することです。</u>
　中1題材「一元一次方程式の解法」であれば，「方程式を解くには，ゴールである$x=a$に変形するためにサブゴール$ax=b$に変形する必要がある」と「$ax=b$を導くためには，与えられた方程式の左辺と右辺のどの項を移項したらよいかの方針を最初にたてる必要がある」がメタ認知的知識です。「与えられた方程式の左辺と右辺のどの項を移項したらよいかの方針」をたてるには，実際には「左辺の文字項があるか」「左辺の数項があるか」「右辺の文字項があるか」「右辺の数項があるか」をみるので，$2^4=16$通りの式が考えられ，実際には4つがないので全部で12通りと言うことになります。

左辺＼右辺	c=0,d=0	d=0	c x	c x+d
$a=0,b=0$	L11　　0=0	L12　　0=d	L13　0=cx	L14　0=cx+d
$a=0$	L21　　b=0	L22　　b=d	L23　b=cx	L24　b=cx+d
ax	L31　ax=0	L32　ax=d	L33　ax=cx	L34　ax=cx+d
$ax+b$	L41　ax+b=0	L42　ax+b=d	L43　ax+b=cx	L44　ax+b=cx+d

※実際にはない方程式・・・L11,L12,L21,L22

図3　一元一次方程式の類型

　すると，L44は両辺に文字項・数項を完備していますので両辺完備型です。「左辺の数項，右辺の文字項を移項する」と計画すればよいです。L41・L42・L43・L34・L24・L14は左辺か右辺のみに文字項・数項が完備している単辺完備型です。「右辺の数項を移項する」「左辺の数項を移項する」と計画します。ただし，L41・L14は「0の扱い方」とn次方程式の定義「移項して整理する

と（xのn次式）＝0の形になる方程式」に発展するので意図的に扱います。他は単辺に文字項・数項が完備していないのですが，特にL33は非同型と考えられます。「右辺の文字項を移項し右辺は0にする」と計画します。次のように一次方程式の解法の題材配列を決めます。

L44	→	L43・L34	→	L42・L24	→	L41・L14	→	L33	→	L32・L13・L31・L13
初発		同型		同型		0＋定義＋やや同型		非同型		退化型

<u>2つは，認知とメタ認知が形成された事象場面から特殊→一般，一般→特殊というように系列を捉えることです。</u>これをさらに，特称・特殊，特称・一般，任意・特殊，任意・一般と事象場面から細分化することで，形成の筋道をはっきりと捉えることができます。

＜事象場面からみた，概念獲得形成の系列＞

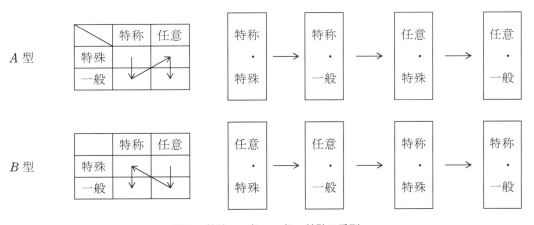

図4　特殊→一般，一般→特殊の系列

＊A型が一般的に多い。小学校→中学校，中1→中2など
＊B型の例としては，三角形の合同条件→直角三角形の合同条件
　　　　　　　　　関数（一般）→正比例・反比例（特殊）
　　　　　　　　　一般の展開公式→乗法公式

具体例として，小学校（正の有理数）と中学校（有理数）のそれぞれの校種で加法の定義の概念獲得（宣言的知識）とその定義に基づいた加法アルゴリズム（手続き的知識）の獲得・形成の筋道と，メタ認知的知識の意識・適用についてみてみます。

＜小学校（正の有理数）の加法の意味と手続きの獲得形成＞

特称・特殊　2層タイル図の操作による分離量（正の整数）の加法

加法の意味は，3＋2＝5と加法の演算記号＋を表しただけでは認識できません。これは，式としてのデジタルなイメージモデルを単に示しただけです。そこで，幾何的なイメージモデルとして

タイルの操作と2層タイル図が必要になります。下図のようにタイルを使い,「一方を移動する操作」を「増加（ふえると）」,「両方を移動する操作」を「合併（あわせると）」のように区別します。結果はどちらも同じことから「加法（たしざん）」という意味を捉えることができます。和のタイルの個数は数唱の対象としての命数法的に数えて5となります。

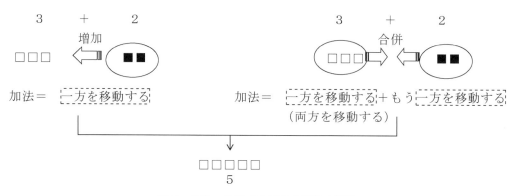

図5　特称・特殊での加法の意味の認識

[特称・一般]　2層テープ図の操作による連続量の加法

　2層タイル図では，1単位という分離量を扱っていたのに対し，2層テープ図というイメージモデルを使うことで，整数だけででなく，小数・分数をも含めた連続量の加法の意味を認識することができます。これは特称・一般での概念獲得とも言えます。2層テープ図は，学年が進むと線分図になります。

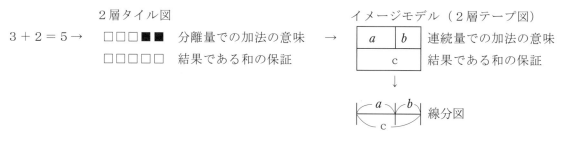

図6　特称・一般での加法の意味の認識

[任意・特殊]　位取り板の操作での原理を意識した繰り上がりのある整数の筆算

　1位数＋1位数から始まり，2位数＋2位数で繰り上がり一回のものがでてきます。タイル操作では加法計算が間に合わなくなります。また，タイル操作は延長量としての足し算，筆算は構造量としての足し算というように原理に飛躍があります。そのため，位取り板というイメージモデルを使いテープカード操作のルールを意識した計算に切り替えます。

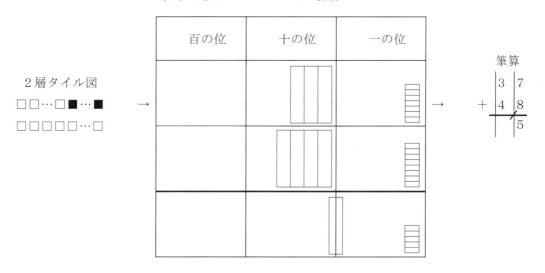

図7 位取り板とテープカード操作によるメタ認知的知識

位取り板とテープカード操作のルール（メタ認知的知識）

・一の位には □ を9個，十の位には ▭ を9個，までおくことができる。
　もし10個になったら，大きい位のテープと交換して，大きい位におく
　（交換は位と位の間の線上で行う）
・一の位は一の位，十の位は十の位，のように同じ位の数同士の計算をする
・位の小さい方から計算する

　この操作を集約すると，次のような筆算アルゴリズムになります。位取り記数法の原理は，筆算アルゴリズム実行のためのメタ認知的知識であると言えます。

　START　1．加えられる数を上に，加える数を下に末位をそろえて置く．
　　　　　2．末位から順に同じ位の数を加えて（加法九九表の結果より）その和をバーの下に書く．
　　　　　3．加える数がなくなったら　END

　任意・一般　十進位取り記数法の原理を適用した連続2回繰り上がりのある整数の加法
　　　　　　　十進位取り記数法の原理を調整した小数・分数の加法

　整数の加法は，連続2回繰り上がりのある3位数＋3位数を行うことで，任意・一般場面での加法の定義の概念と筆算アルゴリズムを獲得します。筆算においてはメタ認知的知識としての十進位取り記数法の原理は暗黙知化されます。

　小数・分数の加法については，概念獲得の際の本質を変えずに，十進位取り記数法の整数計算の原理を調整することで可能となります。

整数と小数はどちらも十進位取り記数法の原理なので，3142＋564の加法は百の位，十の位，一の位という「同じ基底の下で同じ位同士の数字を加える」という原則と同様に，31.42＋56.4の加法は，十の位，一の位，$\frac{1}{10}$の位という「同じ基底の下で同じ位同士の数字を加える」という原則で計算できます。分数は帯分数を扱い，整数部分と分数部分をそれぞれ「同じ基底の下で同じ位同士の数字を加える」原則で計算します。すると帯分数の整数部分は基底10なので計算できるが，分数部分は基底が7と3のため計算できません。これはメタ認知的知識を意識させるのに非同型と考えられます。どちらも通分して基底を21にそろえれば計算できるという発見があればメタ認知が強化されます。

$$\begin{aligned}
23\frac{6}{7}+5\frac{2}{3} &= (23+5)\left(\frac{6}{7}+\frac{2}{3}\right) &&\cdots\text{基底が7と3なので計算できない}\\
&= 28\left(\frac{18}{21}+\frac{14}{21}\right) &&\cdots\text{基底を21(通分)}\\
&= 28\frac{31}{21}\\
&= 38\frac{10}{21}
\end{aligned}$$

＜中学校1学年（有理数）の加法の意味と手続きの獲得形成＞

|特称・特殊| （正）＋（正）の加法

　小学校での3＋2＝5について，符号のついた数(+3)＋(+2)＝(+5)と加法の定義を捉え直しします。これは，3＝+3，2＝+2なので数式上での定義によって特称・特殊な加法として自然に認識されます。

|特称・一般| （正）＋（正）の加法を符号のついた数の加法と捉えること

　2層テープ図と同型であり連続量を表す幾何的イメージモデル（矢線ベクトル）を用いることで，加法の意味は認識されることに加えて，下のように加法の定義について捉え直しをすることが重要です。このときの加法の意味は増加型です。小学校での加法の標準を増加型としたのはこのためです。

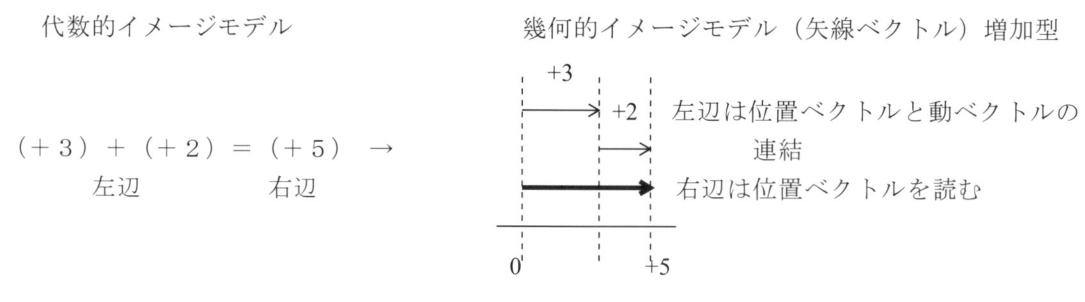

代数的イメージモデル　　　　　　　幾何的イメージモデル（矢線ベクトル）増加型

$(+3)+(+2)=(+5)$ →　　　左辺は位置ベクトルと動ベクトルの連結
　左辺　　　　右辺　　　　　　　　右辺は位置ベクトルを読む

図8　矢線図の操作ルールに基づく加法

そこで，矢線図の操作ルール「位置ベクトルの終点に，動ベクトルの始点をあわせること」をメタ認知的知識として意識させることが特に大切です。このことが，加法の新たなアルゴリズムとして，「①和の方向を読み（符号の決定）②和の大きさを矢印の長さで読む（絶対値量の測定）」ことに繋がります。

矢線図の操作ルール（メタ認知的知識）

①足される数を原点を始点とした矢線でかき，その終点に足す数の矢線の始点をあわせる。
②答は，原点を始点とした矢線をかき，終点は足す数の矢線の終点とする。

任意・特殊　（正）＋（負），（負）＋（正），（負）＋（負）の加法

任意・特殊場面の加法の定義を獲得するには，場合分けとして，

(＋3)＋(＋2)，(＋3)＋(−2)，(−3)＋(＋2)，(−3)＋(−2)，の４つがあります。いずれもの矢線ベクトルの操作ルール（「位置ベクトルの終点に，動ベクトルの始点をあわせること」）を適用することで，下のように和が求められます。しかし，メタ認知的知識を強化するためには系列に配慮が必要となります。

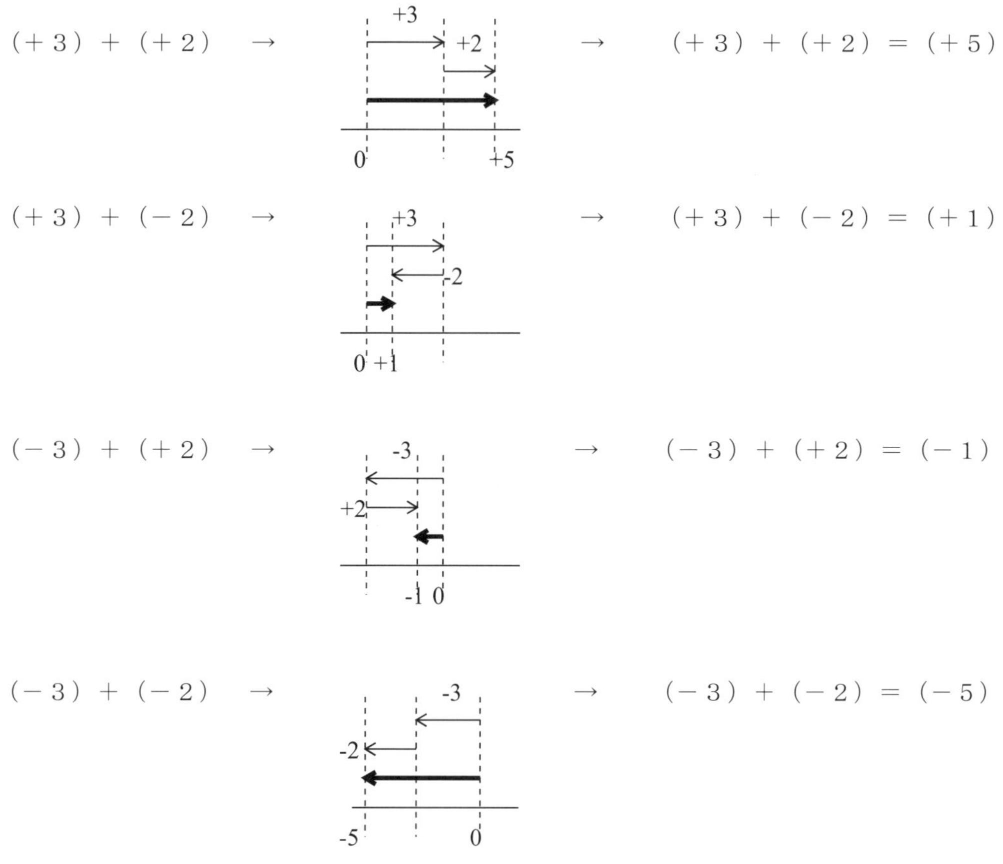
（＋３）＋（＋２）　→
+3
+2
0
+5
→　（＋３）＋（＋２）＝（＋５）
（＋３）＋（−２）　→
+3
-2
0
+1
→　（＋３）＋（−２）＝（＋１）
（−３）＋（＋２）　→
-3
+2
-1
0
→　（−３）＋（＋２）＝（−１）
（−３）＋（−２）　→
-3
-2
-5
0
→　（−３）＋（−２）＝（−５）

図９　符号のついた加法の系列

それは，小学校時の1位数＋1位数という加法は，特にメタ認知的知識を意識しなくても，3＋2＝5と計算することができたということです。タイル操作は合併・増加という現実性に結びついているからです。ところが，正の数・負の数の加法は，加法をしているのに数が減少していたり，$a+b=c$では$a \leq c$のはずなのに$a > c$という，納得できないことが起こってきます。そこで，矢線ベクトルの操作ルールによってメタ認知的知識を意識することが必要となります。

任意・特殊場面で，正の数・負の数の加法を場合分けすると，例題系列として下表になります。

加数＼被加数	＋3	0	－3
＋2	M11	M12	M13
0	M21	M22	M23
－2	M31	M32	M33

図10　符号のついた加法の類型

この表によると次に学習すべきものとして，M31(＋3)＋(－2)と(M13(－3)＋(＋2))とM33(－3)＋(－2)ということが考えられますが，M31(＋3)＋(－2)を次の例題として行います。これは，(＋3)＋(＋2)とM31が非同型であるので，再度メタ認知を適用することで強化されます。

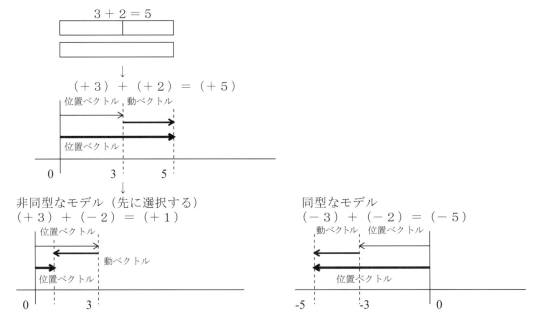

図11　符号のついた加法の系列

実際，(+3)+(−2)という先ほどとは違う非固有な場面（同型イメージではない）を学習するときに，初学者にとって現象面では，加法なのに和が減少するという納得のいかない状況が起こっているにもかかわらず，先ほど強調した矢線ベクトルの操作ルールは保存されるので，「うん」と言わざるを得ない状況が起こります。

|任意・一般| 有理数の加法のアルゴリズム

最終段階は，これらの結果について，次のように代数的に見直しをします。

$$(+3)+(+2)=(+5) \to (+3)+(+2)= \quad + \quad (3+2) \quad =(+5)$$
$$(+3)+(-2)=(+1) \to (+3)+(-2)= \quad + \quad (3-2) \quad =(+1)$$
$$(-3)+(+2)=(-1) \to (-3)+(+2)= \quad - \quad (3-2) \quad =(-1)$$
$$(-3)+(-2)=(-5) \to (-3)+(-2)= \quad - \quad (3+2) \quad =(-5)$$

　　　　　　　　　　①和の符号決定アルゴリズム　　②和の大きさアルゴリズム

結果，加法の数式におけるアルゴリズムとして次を獲得します。

①和の符号決定アルゴリズム；
「もし同符号の2数を加えるならば，2数に共通な符号を求めよ，
　もし異符号の2数を加えるならば，2数のうち，絶対値の大きい方の符号を求めよ」

②和の大きさアルゴリズム；
「もし同符号の2数を加えるならば，絶対値の和を求めよ，
　もし異符号の2数を加えるならば，絶対値の差を求めよ」

3．数学的な活用力を育むための授業

（1）指導の概要

中学校2学年題材「平行線と角」では，対頂角，平行線と角，三角形の内角と外角，多角形の内角と外角など，局所的な前提に基づく演繹的な推論の方法について学びます。この題材の平行線と角で特称・特殊，特称・一般，任意・特殊，任意・一般と事象場面をみることで，特称・一般で獲得した認知とメタ認知が任意・特殊，任意・一般でも適用できることを示します。

（2）授業の流れについて

「平行線の角」の既習の定理（平行線の同位角・錯角の性質）の復習として，問1を練習します。生徒は平行線の錯角・同位角の性質を使って$a=180°-60°=120°$を導きます。この段階では図形を静的にみています。

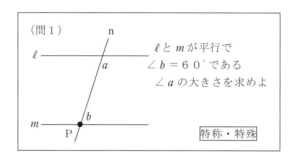

図12　特称・特殊場面の図

次に，コンピュータ画面で（問1）を提示し，「∠bが60°でなかったらどうか。∠aの大きさはどうなるだろうか」とwhat if notをかけて，直線nを点Pを中心に左回りに回転させます。図形を動的にみる支援をします。

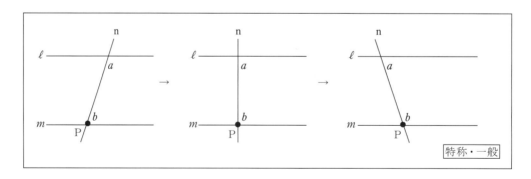

図13　特称・一般場面の図

コンピュータでの計測値に着目させ，∠aと∠bの大きさについて気づきをひろいます。
・左回りに回転すると∠bはだんだんと大きくなる。

・∠aの大きさは120°から小さくなる。
・∠bが90°のとき，∠aも90°になる。
・∠bが鈍角だったら，∠aは鋭角だ。

その後，教師が∠bが鋭角の原問題と，直角，鈍角の場合に分け，∠aの大きさをまとめます。

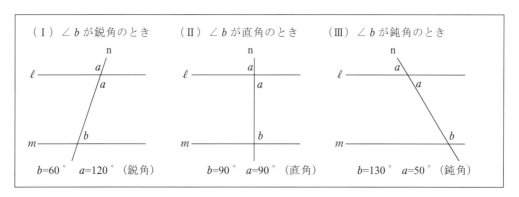

図14　∠aと∠bの大きさの気づき

「∠bが大きくなると，∠aが小さくなるということは，両者にどんな関係がありますか」と問います。生徒は経験から和一定か積一定になることから，「∠a+∠b＝180°」の関係があることに気づきます。

「なぜ∠a+∠b＝180°が言えますか。習ったことで説明できませんか」と局所的な前提（平行線の錯角・同位角の性質）での演繹的な推論を促します。このように特称・一般事象について命題化するとともに，∠a+∠b＝180°を見つけたときのメタ認知的知識「和の関係を見つけたときの見方はどんなことでしたか」と振り返ります。

--- 増加・減少する2数量の関係（メタ認知的知識）----------------

　2つの数量があり，一方が増加すると，他方が減少するとき，2つの数量には和一定の関係がある。

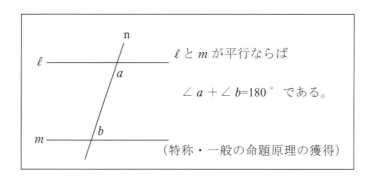

図15　特称・一般の命題原理の獲得

次の時間は，問1と対比して「∠b＝60°のまま，内部の直線が左側に折れたらどうか」と「直線でなかったら」とwhat if notをかけます。コンピュータで連続変形させ，本時の問題である（問2）を提示します。

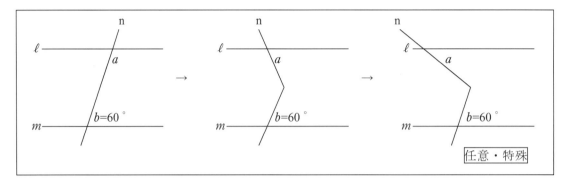

図16　任意・特殊場面への拡張

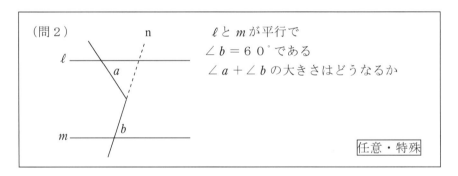

図17　任意・特殊場面の図

このときの支援は，「直線のときは∠a＋∠b＝180°であった。左側に折れた折れ線になったら，∠a＋∠bは何度か」と聞いた上で，さらに「∠a＋∠b＞180°，∠a＋∠b＜180°，∠a＋∠b＝180°」の3つの選択をかけた上で予想させます。

コンピュータの測定値を観察させると，∠a＋∠b＜180°が明らかとなります。そこで，この事実を∠a＋∠b＋∠x＝180°と，∠xの存在が見えるようにするため，実際の測定値（∠a＝80°）を引用し，「∠a＋∠b＜180°であったが∠a＝80°のときは∠a＋∠b＝140°となり和が180°になるには，∠a＋∠b＋40°＝180°で，もう40°足りない。とすると，どこに40°があるのか。この40°を図で探してみよう。このように和を180°にするために足りない分を∠xとしよう」と支援します。

コンピュータで折れ線の直線nを回転移動することにより，メタ認知的気づきを促すことで，「∠a＋∠bの値が小さくなると，回転させた分大きくなっていく角が∠xでないか」に気づきます。∠a＋∠bは，三角形の内角の和にも気づくが，∠xの外角となることから，直線nでの曲がった角と気づきます。

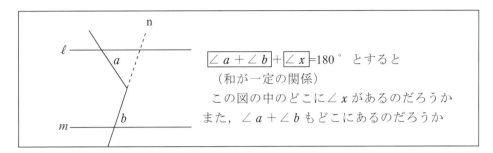

図18　足りない角の気づき

―― 増加・減少する 2 数量の関係（メタ認知的知識）――――――――――――――――

　2つの数量があり，2つの数量には和一定の関係があるならば，一方が増加すると，他方が減少する。

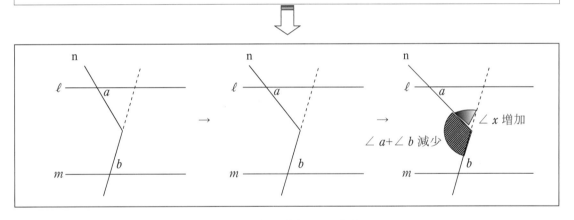

図19　増加・減少する 2 数量

　この後，「∠xの外角がなぜ∠a+∠bになるのだろうか」問い，平行線kを引くことで，局所的な前提（平行線の錯角・同位角の性質）での演繹的な推論を促します。

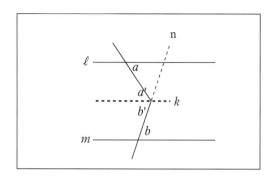

図20 局所的な前提（平行線の錯角・同位角の性質）での演繹的な推論

これで本時の解の1つが求まります。実は今の問題では，直線 n を左側に回転移動しているので，直線nを右側に回転移動するというもう1つの場合が必要となります。下図のように，この場合は，$\angle a + \angle b > 180°$であり$\angle x$は負の値と考えれば先ほどの問題と同様になります。

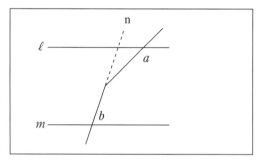

図21 $\angle x$は負の値と考えた変形

通常の授業では，左側に折れ線があるときと，右側に折れ線があるときでそれぞれの角の性質を言って終わりになることが多いです。

しかし，任意・一般というように，さらに一般化する振り返りを入れてみます。それは，原問題である図12と，下図のように高い視点を加えて直線上に点があるという見直しをかけた上で，問1を発展させた問2の連続的な問題系列を対比すると，3つの場合が対等に分けられます。

3つの場合をまとめることで初めて一般化ができます。

第4講 学習の転移とメタ認知的知識 53

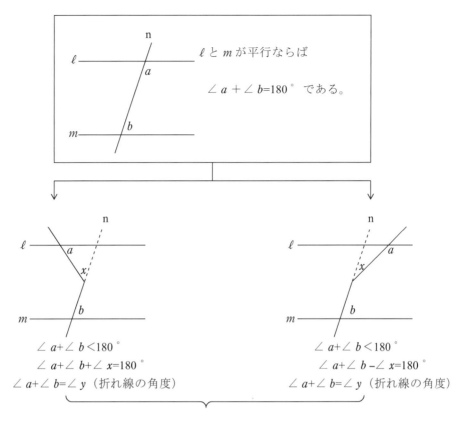

点があるという見直しをかけ，3つの場合を対等に場合分けをする

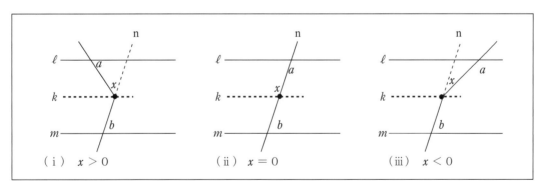

↓3つの場合をまとめて一般化する

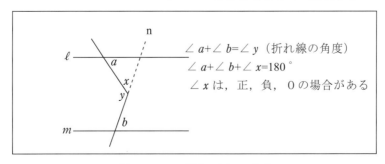

図22 3つの場合の図の一般化

中学校2学年題材「平行線と角」では，より具体的な問題である特称・特殊場面から入り，特称・一般場面において$\angle a + \angle b = 180°$という性質（認知）と，増減する2つの数量の法則をメタ認知的知識として学ぶことができます。生徒にとっては第一次一般化となります。

次にコンピュータで内部の直線を折れ線に変形することで，$\angle a + \angle b$の大きさについての更に一般的な法則を追究します。そのメタ認知的支援として$\angle a + \angle b + \angle x = 180°$という修正項を追加するという考えを使い，特称・一般場面の学び（問1）を，任意・一般場面（問2）でも生かす（第二次一般化）ということを意図する授業が可能となります。

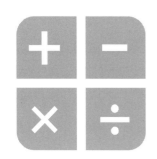

第5講　問題解決とメタ認知的知識

1．問題解決活動とメタ認知的知識

　算数・数学の多くの授業では問題解決活動が行われています。生徒の内部では問題解決活動によって，どのように認知を獲得したりメタ認知的知識を獲得しているのでしょうか。
　金子忠雄氏によると，教師・生徒による共有的な問題解決過程のシルエット図として次を示しています。

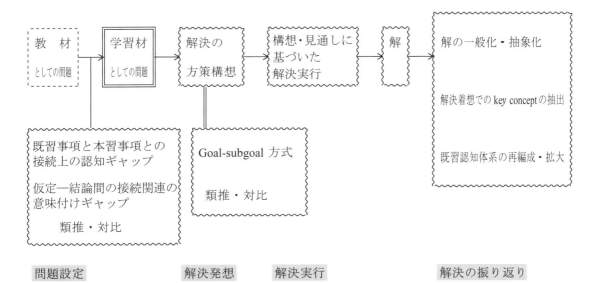

図1　教師・生徒による共有的な問題解決過程のシルエット図

　この図によると数学の問題解決活動では，「問題設定」－「解決発想」－「解決実行」－「解決の振り返り」の4つの過程において，認知とメタ認知的知識の2つが同時に獲得形成されることを示しています。また，「問題設定」－「解決発想」では特に教師の有効な支援（類推・対比）を示しています。
　問題解決活動と言えば「解決実行」過程が主というイメージですが，前段に「問題設定」－「解決発想」の過程と，後段に「解決の振り返り」の過程を加えることによって，認知とメタ認知的知識の獲得形成が可能になると捉えることができます。
　中学校1学年題材「正の数・負の数の加法」の授業での問題解決活動を想定してみます。導入では，既習である3＋2＝5という小学校の整数3，2，5を，符号のついた数(＋3)，(＋2)，(＋5)とかきかえることによって，3＋2＝5→(＋3)＋(＋2)＝＋5が自然と成り立つことを示します。そして，この式を符号のついた数の加法として見せることが必要となります。教師が矢線図をかきながら，(＋3)＋(＋2)＝＋5という式が新しい数の世界でも成立していることを認識させます。

代数的イメージモデル　　　　　幾何的イメージモデル（矢線ベクトル）増加型

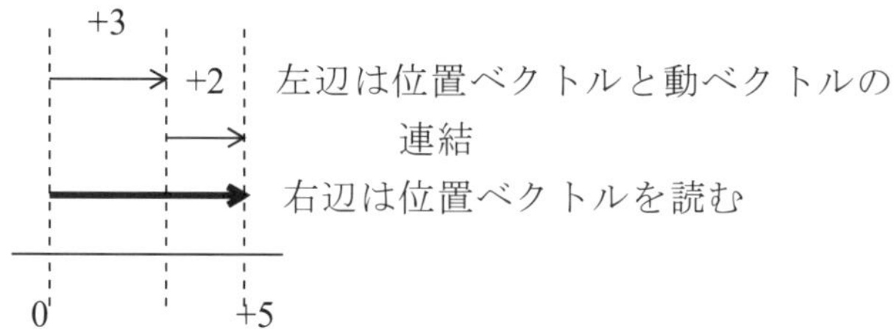

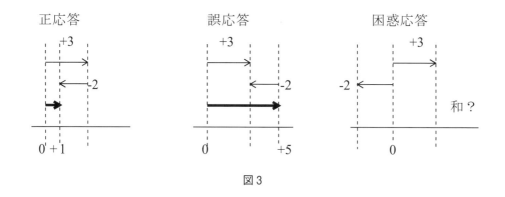

$(+3)+(+2)=(+5)\rightarrow$　　　左辺は位置ベクトルと動ベクトルの連結
　　左辺　　　右辺　　　　　　　右辺は位置ベクトルを読む

図2　矢線図によるメタ認知的知識の意識

　その上で，（正）+（正）でないとしたら，他の場合の式はないか問います。すると，すぐに，（負）+（負），（正）+（負），（負）+（正）と返ってくるので，(+3)+(-2)，(-3)+(+2)，(-3)+(-2)の加法は，どんな矢線図になるのか，また答は何になるのかを，学習課題として考えさせます。・・・「**問題設定**」

　生徒は，間違った図も含め矢線図をかきます。(-3)+(-2)はほとんど間違えませんが，(+3)+(-2)は次のような誤答または困惑応答がよく見られます。

　　　　正応答　　　　　　　　誤応答　　　　　　　困惑応答

図3

　そこで，周辺の生徒と図や答を相談させた後，教師が(+3)+(-2)の矢線図について取り上げます。(+3)+(-2)＝+1は加法なのに，答である和が+1となり，+3よりも減少しています。これは本当に加法と言ってよいですかと問います。・・・「**解法構想**」

　すると，正応答の生徒でさえ「本当に加法と言ってよいかわからない」とゆさぶられます。そこで最初にかいた(+3)+(+2)の矢線図で「第一の矢線の終点に第二の矢線の始点を合わせる」という加法のルールを確認し，(+3)+(-2)でもこのルールが適用させているか指示します。すると，矢線図のルールは保存されていることから，やはり加法だと認識します。

　　矢線図の加法のルール（メタ認知的知識）

　①足される数を原点を始点とした矢線でかき，その終点に足す数の矢線の始点をあわせる。
　②答は，原点を始点とした矢線をかき，終点は足す数の矢線の終点とする。

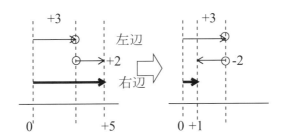

図4　(正)＋(正) と (正)＋(負) の矢線図の共通点

　残りの(－3)＋(＋2)と(－3)＋(－2)もこのルールが保存されているか確認させ，間違った図は直させます。・・・「解法実行」（メタ認知的知識の意識）

　学習課題の答として4つの図と式を並べ，「加法の式は4通りあるが，図は2つに分けることができます。どんな分け方ですか」と指示します。「一方方向の図」は同符号の加法，「往復の図」は異符号の加法というように，図から2通りの計算があることをまとめます。

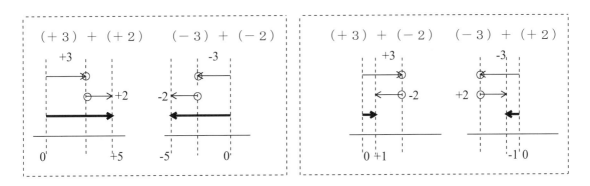

図5　一方方向の図，往復の図

　最後に「矢線図を使った加法に共通したルールを振り返り，ノートにかきなさい」というようにメタ認知的知識を再度意識させます。・・・「振り返り」

　次の時間は，整数だけでなく小数・分数の加法を扱います。同符号と異符号に分けて矢線図をかき，メタ認知知識を適用しながら，有理数の加法アルゴリズムを獲得します。

2．問題解決活動とメタ認知的知識の実践

(1) 指導の概要　中学校1学年題材「正の数・負の数の減法」

　正の数・負の数の四則計算の指導は，メタ認知的知識を意識して課題を解決する経験が，加法をスタートとして，次の減法，さらに乗法と除法で積み重なることが，認知とともにメタ認知的知識の習得にもなります。

　中学校1学年題材「正の数・負の数の減法」では「反数を加えることで減法を加法に変換する」

ことを学びます。そのため，加法で使ったメタ認知的知識を調整し，減法でも矢線図をかけるようにすることが必要です。

減法では，矢線のつながり方に注意させると，「第一の矢印の終点に第二の矢印の終点をそろえ，答は0からの第二の矢印の始点の位置を読む」ということになります。

そこで，加法での矢線図の操作ルールを調整し減法のメタ認知的知識として獲得させます。

―― 矢線図の減法ルール（メタ認知的知識） ――
①第一の矢印（引かれる数）の終点に第二の矢印（引く数）の終点をそろえる
②結果は0から第二の矢印（引く数）の始点までを読む

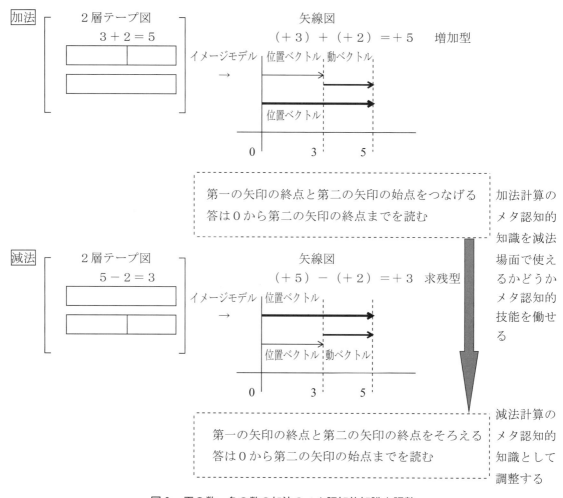

図6　正の数・負の数の加法のメタ認知的知識を調整

この減法計算のメタ認知的知識を適用しながら，正－正，正－負，負－正，負－負の4つの場面を矢線図で表します。

加法では4つの図を同符号・異符号と2つに分類し，加法アルゴリズムに一般化します。減法は加法の矢線図との類似性に気づかせ，減法を加法に直すという新たな発想をさせて減法ルールをつ

くります。このためには矢線図というイメージモデルが必要になります。

（2）減法を加法に統合する意味

代数和の内容である－4＋3－5の計算においては次のような誤答例Aと誤答例Bが顕著です。誤答例Aは演算記号＋－と符号＋－が混在していること，誤答例Bは誤った加法の交換法則・結合法則の適用です。誤答について認知的な原因だけでなくメタ認知的知識の獲得の不十分さを考えると，式を加法に表わす意味・意義が生徒にとって明確でないことが考えられます。

〈正答例〉　　　　　〈誤答例A〉　　　　〈誤答例B〉
－4＋3－5　　　　－4＋3－5　　　　－4＋3－5
＝（－4）＋（＋3）＋（－5）　＝－（4＋3）－5　　＝－4＋5－3
＝（－1）＋（－5）　＝－7－5　　　　＝1－3
＝－6　　　　　　＝－（7－5）　　　＝－2
　　　　　　　　＝－2

小学校では加法と減法が対等な関係です。よって，3口以上の加減は「左から順に」「2口ずつ」計算します。しかし，正の数・負の数では，有符号数の出現と加法と減法の逆構造から，減数を反数にすることで減法が加法に統合されることが可能になりました。それまでは対等関係だった減法が加法に統合されることを十分に認識させる必要があります。

しかしながら，減法を単に(＋5)－(＋3)のように式表現しただけでは，減法が加法に統合されるということの意味が捉えられません。よって，数直線に矢線図で表しイメージモデルを用いることによって，図形的に逆構造であるということを解釈できるのです。

正の数・負の数の計算は計算手続きとしても比較的簡単な内容であり，基礎・基本の定着もすぐにできると考えがちであります。しかし暗黙知の顕在化という視点から見ると，メタ認知的知識が必要になる中学校数学での最初の題材です。

（3）授業の構想と具体的な手だて

正の数・負の数の減法計算の場合は，（正）-（正），（正）-（負），（負）-（正），（負）-（負）の4つがあります。4つの場合を意図的に構成することと，認知とメタ認知的知識を意識して矢線図をかくことができることを目標にします。

（手だて1）加法の（正）+（正）の矢線図と対比して，減法では（正）-（正）という既習の減法を矢線図で表し，つなぎ方ルールを最初に確認します。

(＋3)＋(＋2)＝＋5

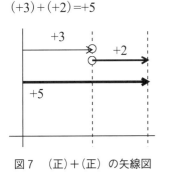

図7　(正)+(正)の矢線図

加法の計算ルールを求めるためには
矢線図をかき，矢線の方向と，矢線の長さを求めました。
加法の矢線のつなぎ方のルールは何でしたか？

①第一の矢印の終点に第二の矢印の始点をつなげる
②0から第二の矢印の終点までが答になる

(+5)−(+2)＝+3 となぜなるのか？

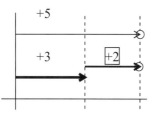

図8　(正)−(正) の矢線図

減法も加法と同様に矢線図で求めます。(+5)−(+2)＝+3の図をかき，減法の矢印のつなぎ方ルールを見つけてみよう。

①第一の矢印と第二の矢印のつながり方は？
②答は？

（手だて2）他の3つの場合 (正)−(負)，(負)−(正)，(負)−(負) について，つなぎ方ルールをもとに矢線図に表し，答を求めます。

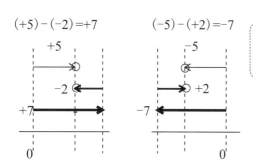

図9　(正)−(負) と (負)−(正) の矢線図

これらの図も減法と言って良いのだろうか。
減法の矢線図のつなぎ方ルールを確認してみよう。

①第一の矢印と第二の矢印のつながり方は？
②答は？

（手だて3）(正)−(正)，(正)−(負)，(負)−(正)，(負)−(負) の4つの図を見て，減法らしい図と加法らしい図に分けます。できるだけ簡単な方法で減法のルールを作る方法を問います。ただし，生徒にとって加法を減法に直すという発想は新しい発想なので，様子を見ながら，教師で次のように介入をします。

○減法らしい図［(正)−(正)，(負)−(負)］の場合

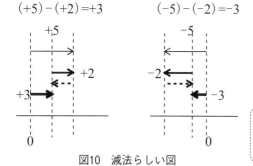

図10　減法らしい図

(+5)−(+2)は矢線図から(+5)−(+2)＝+3とわかる。+3という答が出るための別な図はかけませんか
(−5)−(−2)＝−3 も同様

減法らしい図が，加法の図（往復の図）になりました。

○加法らしい図［(正)−(負)，(負)−(正)］の場合

(+5)−(−2)=+7　　　(−5)−(+2)=−7　　　(+5)−(−2)は矢線図から(+5)−(−2)＝+7とわかる。+7という答が出るための別な図はかけませんか

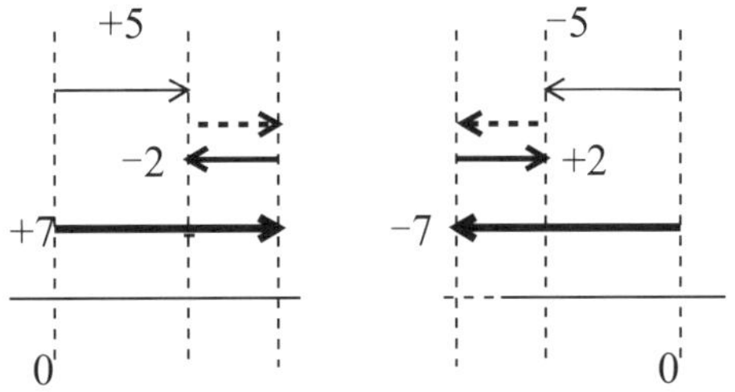

(−5)−(+2)＝−7も同様

図11　加法らしい図

> 加法らしい図が，加法の図（一方方向の図）になりました。

(4) 本時の指導

①本時のねらい

・矢線図のイメージモデルをもとに符号のついた数の減法の計算ルールを認識する。
・4つの正−正，正−負，負−正，負−負の減法計算を，減法ルールにしたがって矢線図をかくことができる。
・減法の矢線図の特徴を観察して加法の矢線図との類似性に気がつく。
・4つの正−正，正−負，負−正，負−負の減法計算の矢線図から，「減数の反数を加える」という減法ルールをつくることができる。

② 学習活動の流れ

学習過程	学習活動	支援と意図
$(+3)+(+2)=+5$の計算のイメージモデルとメタ認知的知識を振り返る	S_0：〈矢印の図をかく〉 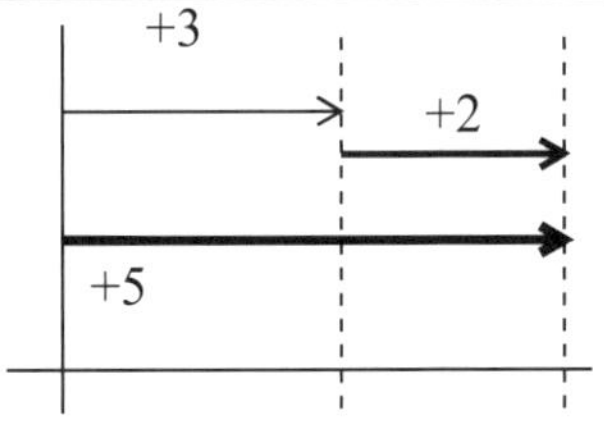 ・$(+3)$の終点に$(+2)$の始点をつなげます ・0から$(+2)$の終点を読み+5とします	$T0$：$(+3)+(+2)=+5$の計算の図と答の読み方を復習してみよう。 ・どのような図をかくのですか ・矢印のつなげ方のルールは ・答の読み方は
$(+5)−(+2)=+3$の計算のメタ認知的知識を意識させる	S_1：減法の図をかき矢線のルールを整理する。 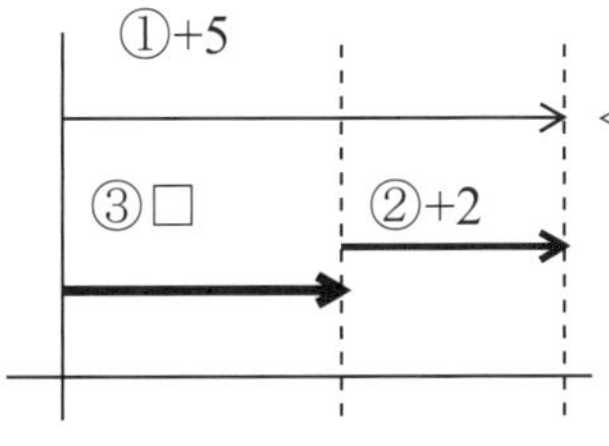 ①+5　②+2　③□　＜求残型＞	$T1$：正の数・負の数の減法の計算の仕方を考えてみよう。 $(+3)+(+2)=+5 → (+5)−(+2)=□$になるので，$S_0$の図をもとにかいてみよう。 $\underbrace{(+5)}_{①}\underbrace{−(+2)}_{②}=\underbrace{□}_{③}$ ①②③の順にかくことを注意させる。

	加法 ・第一矢印の終点に第二矢印の<u>始点</u>をそろえ ・0から第二矢印の終点までを読む 減法　　⇩ ・第一矢印の終点に第二矢印の<u>終点</u>をそろえ ・0から第二矢印の始点までを読む	T2：加法の矢印の図では， ・第一矢印の終点に第二矢印の始点をつなげ ・0から第二矢印の終点までを読んで答を出していたが，減法の場合の矢印のつなげ方のルールはどうですか。
正－負，負－正 負－負の場合について，イメージモデルをかきながら，メタ認知を意識する	S31：(+5)－(−2)　困惑応答 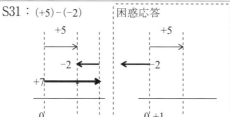 S32：(−5)－(+2)　困惑応答 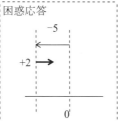 S33：(−5)－(−2)　困惑応答 	T3：では(+5)−(−2) 　　　　(−5)−(+2) 　　　　(−5)−(−2) の場合についても，図をかいて，答を求めてみよう。 ・困惑応答に注意しながら減法の矢線ルールに注意させながら図をかく。
4つの図を2つの図に分け，同じ答がでるためにどのように図を直すとわかりやすくなるか発見する。	S4：減法らしい図 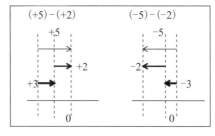	T4：4つの減法の図をよく観察してみよう。 (S1, S33) と (S31, S32) に分けてみます。 矢線図の特徴は，どちらが減法らしい図と，加法らしい図ですか。

S4：加法らしい図

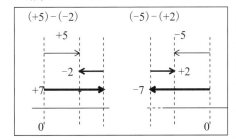

S5：減法らしい図は，引く数を逆にすれば加法の「往復の図」になるので加法計算と同じになる。
　　加法らしい図は，引く数を逆にすれば加法の「一方方向の図」になるので加法計算と同じになる。

T5：減法の計算を図に表すと減法らしい図と加法らしい図の2つになることを利用して，減法の計算のルールをつくってみましょう。

第6講　生徒間のかかわりとメタ認知的知識

1．生徒間のかかわりのイメージ

　授業において，仲間とかかわることで，なぜ思考が高まるのでしょうか。かかわりと思考の関係の捉えが明確でないと，ペアやグループなどでかかわらせる意図がはっきりとしなくなります。そこで，生徒間のかかわりの過程を想定しておく必要があります。

　生徒間がかかわるとは単に個人が異なる意見を述べ合うことではなく，互いの意見を生かしながら数学的な認識を高めていくことではないでしょうか。このように数学的な認識を高めながら生徒間がかかわる授業の枠組みとして，TaとTbが止揚しTcが生じる弁証法的・対話過程を想定してみます。

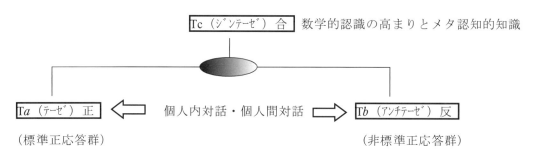

図1　数学科授業の弁証法的・対話過程

　実際の数学科授業の生徒の応答を想定すると，正応答（標準・非標準）群，誤応答（有意味・無意味）群，困惑応答群の5つの応答が予想されます。そのため「Ta（テーゼ）正」を標準正応答とすると，「Tb（アンチテーゼ）反」は非標準正応答だけでなく，有意味な誤応答も含めて「非標準の応答群」と捉えることにします。また，無意味誤応答・困惑応答の生徒も必ずいますので，このかかわり合いに含めておく必要があります。

　すると，授業では支援1によって，TaとTbが最初の生徒の応答としてでてくる場合（図2（C））と，でてこない場合（図2（A）（B））の2つが想定されます。

　前者（図2（C））であれば，TaとTbを比較したり異同弁別したりして，帰属グループ分けと補充強調説明を行います。その後TaとTbの統合的視点に気づかせTcに高める支援3を行うことが必要です。

　後者（図2（A）（B））であれば，Tbが最初にないので，Tbを生徒間のかかわりからでてくるように支援2が必要です。

　すると，図2（B）は有意味誤応答群がはじめにでていますので，有意味な数学的着想を生かし，有意味誤応答群からTbがでるように支援します。

また，図2（A）は有意味誤応答群がはじめにでていません。内容によっていつも複数の解や解法があるとは限りません。よって教師の意図的な働きかけが必要です。生徒全員に数学的着想の見直しをかけ，別の解や解法としてできるだけ自然にTbの着想がでてくるようにします。

このようにTa，Tbを抽出した後は，どのように支援3を行うと，TaとTb生徒がどのようにかかわり，どのように「Tc（ジンテーゼ）合」としての数学的認識に高まる姿になるのかを明らかにすることが大切です。

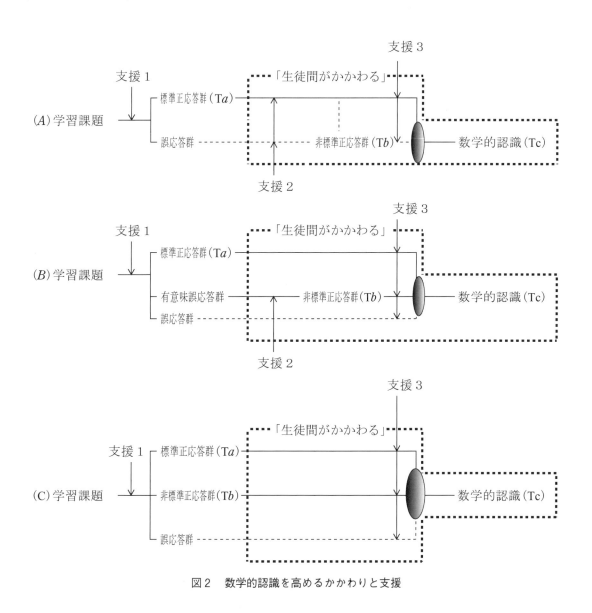

図2　数学的認識を高めるかかわりと支援

(C）型によくみられる授業は1つの課題に対して多様な解法が想定される授業です。研究（公開）授業の多くはこのタイプです。しかし，本書では多様な解法を，既習の数学的認識から見て標準と非標準に区別し，大局的・本質的な数学的認識の高まりを想定する授業を考えています。

また，大半の数学の通常の授業は（A）型になります。応答が1通りで単調になりやすいため，いわゆる「お下げ渡し」と言われる授業になります。だからこそ，Tbが出るように支援を工夫することで，「生徒間のかかわり」の意義がでてきます。

2．生徒間がかかわる授業

では，どんな授業になるのでしょうか？　イメージしてみましょう

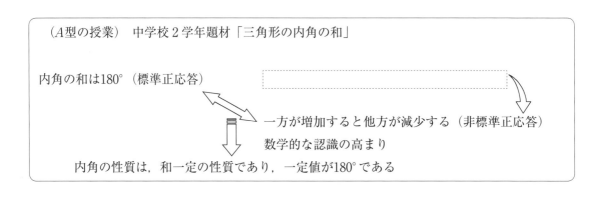

中学校2学年題材に「三角形の3つの内角の和が180°になることの証明」があります。生徒は，小学校で三角形の3つの角の和が180°であることを学習しているため，既に知っていることをなぜ証明する必要があるかが学習の対象になります。対して教師は，内角の和でなくその調べ方である前提に基づいた演繹法を学習の対象としています。よって，生徒と教師には学習対象にずれが生じています。

現行の中学校数学の教科書によると，「3つの角の切り貼り図や敷き詰め図では、任意の三角形で3つの角の和が180°となるとは言えない→平行線の性質（という前提）を使う証明は、任意の三角形で3つの角の和が180°となることが言える」という動機づけになっています。これでは「証明ができるために三角形を学んでいる」というような数学観が暗黙知となる可能性があります。

授業で，「三角形の3つの角にはどんな関係がありますか」と問えば，その多くが標準正応答として「和が180°」しか出てきません。そこで，数学的着想の見直しをかける支援2が必要となります。

その手だての1つとして，図形の連続変形があります。コンピュータを用いて△ABCの∠Bを固定し，点CをBC上に移動させ連続変形し，変化する2つの内角を観察させます（図3）。

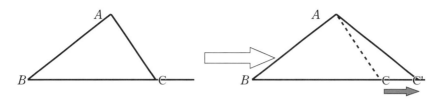

図3　△ABCの連続変形1-1

図3ではAC，BC，∠A，∠C，面積が変化することがわかります。特に2つの角∠A，∠Cの大きさの変化に着目させます。すると∠Aは増加し∠Cが減少することが直観的にわかります。そこで，もっと詳しく∠Aと∠Cの角度の変化の仕方を観察させます（図4）。

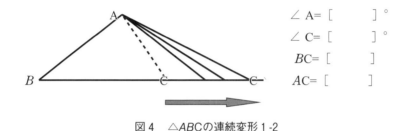

図4　△ABCの連続変形1-2

すると，「∠Aが増加した分∠Cが減少している」というように三角形の角に別の見方ができます。また，角度の変化から「∠A＋∠Cが一定となるように2つの角は変化している」というように，和一定の見方もできます。三角形の角は適当に変わっているわけでなく，ある法則をもって変化する。数学的には2次元のユークリッド空間の性質ではないでしょうか。

ここで，「なぜ∠Aが増加した分∠Cが減少しますか」と発問します。∠Aが増加した分の角に印をつけさせ（図4），「∠Cが減少した分の角はどこにあるのか」と聞くことで，補助線を引き減少した分の角をみつけることもできます。つまり平行線の錯角の関係にも気づきます。

このように，2つの角の変化から増加・減少の角の見方や和の一定性の見方があることを知った上で，次は3つの角の変化を観察に進みます。

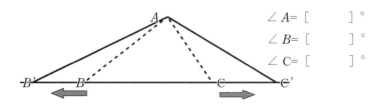

図5　△ABCの連続変形2

図3をさらに連続変形し点Bも移動した図5を提示します。図5では，「∠Bと∠Cが減少する。∠Aが増加する」よって「∠Bと∠Cが減少した分∠Aが増加するのでないか」と3つの角の変化にも気づきます。このことから，「三角形を変形すると，増加する角があれば，その分減少する角がある」という非標準応答がでてきます。その結果，「和が180°」という標準正応答の生徒とのかかわりから，「∠A+∠B+∠Cの値が一定になるように3つの角は変化している」という新たな数学的発想（数学的認識の高まり）が期待できます。

　このことを認知とメタ認知的知識の関係から説明すると，「3つの内角の和は180°になる」が認知で，「3つの内角は和一定の法則である」がメタ認知的知識です。それは，「和一定の性質」が「一定値が何度になるか」についてメタ認知の役割を果たしているからです。

　三角形の内角・外角の性質

　三角形の内角の和は180°である。外角の和は360°である。

　なぜ角の和の性質に着目するのか？

　三角形の内角・外角の性質のメタ認知的知識

　三角形の内角・外角は和一定の性質をもっている。

　三角形の内角の和の指導を始めとして，多角形の内角の和・外角の和の指導で，「n角形の内角の和の大きさは何度になるか」とすぐに問うことは，n角形の内角の和は一定ということを既に前提とした発問なのです。つまり，多角形の角の性質と言ったら，「和の大きさ（一定値）のことしかない」という発想が暗黙としてあります。むしろ，形や大きさが変化しても，n角形の内角の和が一定になるように保たれているという発想（以下「和の一定性」）に気がつくことは，図形のもつ不思議さ・面白さを触発することにもなります。

　＜授業の実際＞
指示：前回まで，交わる二直線や二直線に一直線が交わるときにできる角について学習しました。今日から，多角形の角について学習します。
　　　では，辺の数が最も少ない多角形をノートにかきなさい。
生徒：三角形をかく。△ABCをかく。
板書：【学習課題】
　　　三角形の角にはどんな性質がありますか。また，なぜその性質が成り立ちますか。
指示：角にはどんな性質がありますか。
生徒：180°。3つたすと180°になります。 ［標準正応答］
確認：角を示しながら正確に言ってください。
生徒：∠Aと∠Bと∠Cをたすと180°になります。
確認：そうですね。小学校で三角形の3つの角の和が180°になることを学習してますね。しかし，三角形には，3つの角の和が180°となるということのほかに，3つの角には別な性質があります。どんな性質でしょうか？　知っている人いますか？

生徒：（わからない）。…。
発問：それでは，みんなで三角形の3つの角の秘密を見つけましょう。△ABCで点Aと点Bはそのままにして，点CだけBC上に移動し，三角形を変形します。何が変化してますか。
（コンピュータ画面で連続変形する。図3参照）
生徒：BC，AC，∠A，∠Cです。
確認：ほかにないですか。よく見て。
生徒：三角形の面積も大きくなっています。
指示：そうですね。BC，AC，∠A，∠C，面積はどのように変化していますか。よく見ましょう。
（コンピュータ画面に値を提示する。図4参照）
生徒：∠Aは大きくなる。∠Cは小さくなる。
生徒：BC，ACはだんだん長くなる。面積もだんだん増えている。
確認：みんなよく見てるね。こんどは角だけに注目してください。角度をよく見てください。
（連続変形する）角度の変化から何がわかりますか？
生徒：∠Aの角度が大きくなった分∠Cの角度が小さくなっている。
生徒：∠Cの角が減ると。その分∠Aが増える。
確認：いいところまで気づいてくれましたね。三角形を変形すると，辺や面積はだんだんと増加しています。辺の変化と比べると，角の変化にはどんな法則がありそうですか。
生徒：辺はどちらも長くなる。角は一方が大きくなると他方が小さくなる。
板書 「1つの角を固定して三角形を変形すると，2つの角が変化する。
一方の角が（　　　）すると、他方の角はその分（　　　）する」
（　　　）に何が入ると思いますか。
生徒：増加、減少です。減少、増加でも。
確認：次は3つの角を変化させても同じことが言えるだろうか。
（コンピュータを連続変形し，角度を表示する。図5参照）
確認：∠Aが増加すると
生徒：∠Bと∠Cは減少しています。
生徒：∠Bと∠Cが減少した分∠Aが増加しています。
確認：三角形の3つの角にはどんな性質がありますか。
板書 「三角形を変形すると，（　　　）する角があれば、その分（　　　）する角がある」
（　　　）に何が入ると思いますか。
生徒：増加、減少です。 非標準正応答
発問：三角形を変形すると，増加する角があれば，その分減少する角がある。
なぜ角は増加した分，減少するのだろうか。（個別追究後→グループで相談）
生徒：∠A＋（∠B＋∠C）＝一定なので，∠Aが増加すれば（∠B＋∠C）が減少するから。
生徒：三角形の角は∠A＋∠B＋∠C＝180°になるように変化しているから。

数学的な認識の高まり

[板書]（小学校）「三角形の3つの角の性質は，和が180°」
　　　　（中学校）「三角形の3つの角の性質は，和が一定で，大きさが180°」
確認：小学校で学んだ和が180°は，和が一定ということ，その一定の値が180°であるという2つの意味が含まれていたとのです。
発問：では，なぜ∠A+∠B+∠Cが一定値180°になるのか説明してみましょう。

（B型）の授業　中学校1学年題材「反比例の関係の判断」

共変逆順は反比例（標準正応答）　　　共変正順は比例（意味ある誤応答）

共変正順でも反比例（非標準正応答）
数学的な認識の高まり

共変正順・共変逆順の反比例はある。式や対応表（倍分析・積一定）で判断することが必要である。

〈本時の指導〉

本時のねらい

　対応表から反比例の関係を見つける問題について，共変正順の反比例を含む対応表の考察とグループでの検討を通して，反比例を判断するには，式に表現したり対応表から倍比例分析・積一定分析したりすることが必要であることに気がつく。

本時の構想

　小学校での比例は「一方が増加するとそれにともなって他方が増加する2変量（＝共変正順）」の場面に限定した考察が中心です。反比例も同様に「一方が増加するとそれにともなって他方が減少する2変量（＝共変逆順）」の場面に限定しています。

　そこで，本時は最初に共変逆順の対応表で反比例の判断をさせ，反比例の式表現と対応表の特徴を復習します。

　次に，共変正順の反比例を含む対応表を3つ提示し，「yがxに反比例する関係は○，それ以外は×をつけなさい。また，その理由も説明しなさい」のように判断○×と理由について学習課題とします。結果，各自の考えをグループで説明しあうことにより，共変逆順を反比例と思っていた生徒と，式表現や対応表の分析（倍比例・積一定）で関数を考察する生徒とのかかわりが生じます。それは思考の過程を，｛「ア：反比例かどうかは式表現や対応表の倍比例分析をする」←「イ：反比例はふつうx増加y減少ではないか」｝→「ア'：反比例かどうかはx増加y減少・x増加y増加で決まらない。対応表から式に表現するか倍比例分析・積一定分析する」のように捉えたからです。「ア」に，意味ある誤応答である「イ」の見方の検討を加えて「ア'」に強化するグループでのかかわりです。そのための手立てとして，各班が小ホワイトボードを使い，グループ内で自分の考えを

説明し，議論点をグループ間で検討します。

このことを認知とメタ認知的知識の関係から説明すると，「yがxに反比例するとき$y=\dfrac{a}{x}$と言う式に表される（定義）。対応表ではxがn倍になるときyが$\dfrac{1}{n}$倍となる（性質）」が認知で，「反比例は共変正順と共変逆順の両方があるので，反比例を判断することに影響しないこと」がメタ認知的知識です。それは，「反比例は共変正順と共変逆順の両方があるので，反比例を判断することに影響しないこと」が「反比例を式の形や対応表での倍分析・積一定で判断すること」についてメタ認知の役割を果たしているからです。

〈本時の展開〉

学習活動	教師の働き掛けと予想される生徒の反応	■評価・○留意点
1．前時の復習と課題設定	目標　反比例の関係を判断することができる T1：前回は反比例の関係のとき対応表はどうなるか考えました。今日はその逆で，対応表から反比例の関係かどうか考えてみます。(0)でyはxに反比例する関数と言えますか。 （0）　x：1　2　3　4…　（共変逆順） 　　　y：24　12　8　6… S1：言えます。 T2：理由が言えますか。 S2：・$y=\dfrac{24}{x}\left(y=\dfrac{a}{x}\text{の式}\right)$になるから。 　　・$x$が2倍，3倍，4倍…になると，$y$が$\dfrac{1}{2}$倍，$\dfrac{1}{3}$倍，$\dfrac{1}{4}$倍…になるから。※ 　　・$xy=24$（積一定）になるから。 T3：では（1）（2）（3）にyはxに反比例する関数はありますか。 （1）　x：1　2　3　4…　（共変逆順） 　　　y：12　9　6　3…　$y=-3x+15$ （2）　x：1　2　3　4…　（共変正順） 　　　y：-12　-6　-4　-3…　$y=-\dfrac{12}{x}$ （3）　x：-4　-3　-2　-1…　（共変逆順） 　　　y：12　9　6　3…　$y=-3x$	○授業の流れを説明する。 ・反比例の復習 ・反比例の問題 　個別・班別 ・練習問題 ■反比例の式と対応表の特徴を覚えている。 ※「xが増加yが減少している」は取り上げない。
2．個別追究とグループ内のまとめ	【学習課題】 （1）（2）（3）の中にyはxに反比例する関数があります。yがxに反比例する関数は○，それ以外は×をつけなさい。また，その理由も説明しなさい。 T3：個別追究5分後，グループで自分の考えを説明し交流する。	■理由を明らかにして個人追究できる。 ・ノート，見取り

	S3	<ア>標準正応答	<イ>意味ある誤応答	<ウ>誤応答
		（1）×	（1）○ x増加y減少	（1）
		（2）○ $y=\dfrac{12}{x}$ など	（2）	（2）×
		（3）×	（3）○ x増加y減少	（3）

3．グループ間検討	T4：グループ間検討として<ア><イ>を取り上げ発表させる。	■グループで，各自の判断，理由を説明できる。他との違いがわかる。・ホワイトボード，見取り ○（1）（3）も式に表せる生徒を取り上げる。
	<イ>（1）xが増加するとyが減少しているので，反比例だと思う。 <ア>（1）xが増加するとyが減少していても，反比例と言えない。式では$y=\dfrac{a}{x}$にならない。xが2倍3倍4倍…となってもyが2倍3倍4倍…となっていない。	
	S4 <ア>→<ア>'　　<イ>→<ア>'　　<ウ>→<ア>'	
	<ア>'・x増加y増加，x増加y減少の反比例がある。・反比例を判断するには，式では$y=\dfrac{a}{x}$になっているか。対応表でxが2倍3倍4倍…となったとき，yが$\dfrac{1}{2}$倍$\dfrac{1}{3}$倍$\dfrac{1}{4}$倍…となっているか。$xy=a$になるか。が言えること。 数学的な認識の高まり	
4．まとめと振り返り	【まとめ】（1）（2）（3）の関数は反比例か（1）×　　$y=\dfrac{a}{x}$でない。xがn倍yが$\dfrac{1}{n}$倍でない（2）○　　$y=-\dfrac{12}{x}$なので反比例（3）×　　$y=-3x$なので比例 T5：振り返り　今日の授業を振り返って反比例について大事だと思ったことをノートに書きなさい。・x増加y増加，x増加y減少の反比例も比例もある。・式に表したり，対応表を調べることは重要だ。 T6：（4）（5）（6）（7）の対応表の関数を反比例（○），比例（△）に分けなさい。	○生徒の言葉をできるだけ使ってまとめる。■共変正順（4）比例（5）反比例 共変逆順（6）比例（7）反比例の定着問題を行う。

第6講　生徒間のかかわりとメタ認知的知識　73

<班別に話し合ったホワイトボード>

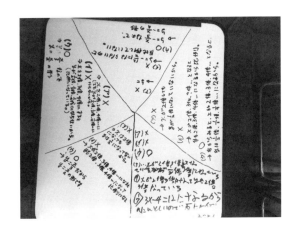
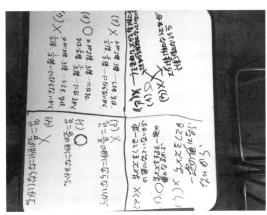
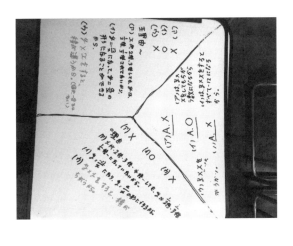
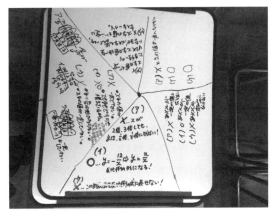
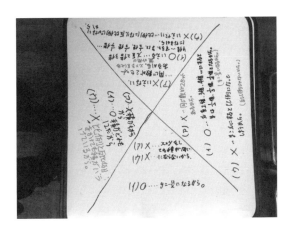
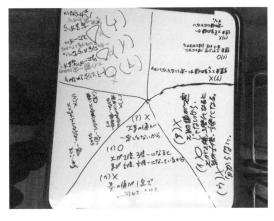

〈(C型)の授業例　中学校1学年題材「おうぎ形の面積」〉

面積　$S = \pi r^2 \times \dfrac{l}{2\pi r}$（標準正応答）⟺ 対応表から $S = \dfrac{r}{2} \times l$（非標準正応答）

⇓ 数学的な認識の高まり

面積は $S = \dfrac{lr}{2}$ （（弧）×（半径）× $\dfrac{1}{2}$）で求めることができる。

〈単元（題材）の目標〉
・弧や弦や接線などの円に関する用語を理解する。また，おうぎ形と割合の意味を理解する。
・小学校で学習した円の周の長さや面積を文字式に表すことができる。また，割合をもとにおうぎ形の弧の長さや面積を求めることができる。

〈単元（題材）の指導計画（全5時間）〉
円と直線の性質（1時間）・円の弧と弦と中心角の意味，円の弦の性質・接線の意味と性質
円とおうぎ形の計量（4時間）・πの意味とπを使った円の周の長さと面積の求め方
　　　　　　　　　　　　　・おうぎ形の弧の求め方・公式
　　　　　　　　　　　　　・おうぎ形の面積の求め方・公式
　　　　　　　　　　　　　　半径と中心角が既知の場合（前時），
　　　　　　　　　　　　　　半径と弧の長さが既知の場合（本時）

〈題材における指導の構想〉
　生徒は，小学校5年生で円周や面積の求め方を学習してきています。中学校では，それらの学習を学び直し新たにおうぎ形の弧の長さや面積の求め方を学習します。指導の中核は次です。

○おうぎ形を円の一部として考えることによって，おうぎ形の計量は，円に対するおうぎ形の割合を考察することが計量の原理となります。この原理をもとにおうぎ形の弧や面積を段階的に指導し公式として一般化できるようにします。
○円周率πを用いて円周や円の面積を表すことによって，図形の計量に文字計算の法則を用いることが可能となります。その結果，図形の新たな見方ができるようになります。例えば，おうぎ形の面積の式を三角形の面積公式と同じ式と見ることができます。
○円の一部としてのおうぎ形は，比例関係を見直したり，見いだしたりすることができます。具体的には「おうぎ形の弧の長さは，中心角の大きさに比例する」「おうぎ形の面積は，中心角の大きさに比例する」「おうぎ形の面積は，弧の長さに比例する」があります。

おうぎ形の計量の指導について
　おうぎ形の計量にかかわる公式は，半径を r，中心角を a，弧の長さを ℓ，面積を S とすると全部で6通りあります。イとウは発展的な内容です。しかし，特にイの $S = \dfrac{\ell r}{2}$ は，次単元「空間図形」での円錐の表面積を求める時に必要な公式でもあるので扱うことには価値があります。

> ア　$\ell = 2\pi r \times \dfrac{a}{360}$ 　,　 $S = \pi r^2 \times \dfrac{a}{360}$
>
> イ　$S = \pi r^2 \times \dfrac{l}{2\pi r}$ ⇨ π と r を約分すると $S = \dfrac{lr}{2}$, $a = 360 \times \dfrac{l}{2\pi r}$
>
> ウ　$\ell = 2\pi r \times \dfrac{S}{\pi r^2}$ ⇨ π と r を約分すると $S = \dfrac{2S}{r}$, $a = 360 \times \dfrac{S}{\pi r^2}$

　おうぎ形の計量とは，弧，面積，中心角の3つの量を求めることです。小学校では円の周，円の面積を学習していることから，おうぎ形の弧とおうぎ形の面積が学習の中心となります。

　おうぎ形は円の一部として考えることができるので，次のように円に対するおうぎ形の割合を考察することで求めることができます。

> **おうぎ形の弧・面積を求める式（言葉の式）**
>
> （おうぎ形の弧）＝（円　　周）×（円に対するおうぎ形の割合）
> （おうぎ形の面積）＝（円の面積）×（円に対するおうぎ形の割合）

　また，割合は，小学校5年生で，（割合）＝（比べられる量）÷（もとにする量）となることを学習しています。よって，円に対するおうぎ形の割合の求め方は，次のアイウの3つあります。

> ア　中心角から割合を捉えた場合
> 　　（おうぎ形の円に対する割合）＝（おうぎ形の中心角）÷（円の中心角360°）
> イ　弧から割合を捉えた場合
> 　　（おうぎ形の円に対する割合）＝（おうぎ形の弧）÷（円　　の　　周）
> ウ　面積から割合を捉えた場合
> 　　（おうぎ形の円に対する割合）＝（おうぎ形の面積）÷（円　の　面　積）

　教科書（『楽しさひろがる数学1』啓林館．平成24年度用）では，アを中心としておうぎ形の計量の学習を進めています。それは，中心角360°が一定であることと，角度と角度の割り算なので割合を求めやすいからです。

　それに対して，イやウは，（比べられる量）と（もとにする量）の両方が変数であることと，π や r などの文字を使うと計算しにくくなるため，発展的な内容として扱っていると考えることができます。しかしながら，円周率を3.14としてイやウを計算すると複雑になるのに比べると，円周率を π として計算すると π が相殺されるので，文字式を学習した現段階であればイとウを導入することには価値があります。

　また，中高の連携からは，「三角比」がアの中心角，「三角関数」がイのラジアン（弧）で学習が進められることをふまえると，アの中心角だけでなくイの弧の長さからも割合が求められることを

扱うことは意味があります。

このことを認知とメタ認知的知識の関係から説明すると、「半径r、中心角$a°$のおうぎ形の弧の長さをℓ、面積をSとすると、$\ell = 2\pi r \times \dfrac{a}{360}$, $S = \pi r^2 \times \dfrac{a}{360}$という公式で求められる」が認知で、「おうぎ形の弧の長さや面積を求めるには、円に対するおうぎ形の割合を考察すればよい」がメタ認知的知識です。それは、「円に対するおうぎ形の割合の考察」が「おうぎ形の弧の長さや面積を求める公式」についてメタ認知の役割を果たしているからです。

πの導入と図形の学習で文字を使う意義について

小学校では円周率を3.14としました。また、円周は（直径）×（円周率）、面積は（半径）×（半径）×（円周率）と言葉の式を公式として用いて計算してきました。

中学校では3.14の代わりにπを用いて表現し計算します。円の半径をrとすることにより、周の長さは$2\pi r$、面積はπr^2と文字の式で表されます。よって、文字式が計算対象になるため文字の計算法則を用いることになります。例えば、半径が5cmの円の面積と半径が6cmの円の面積との和は、$25\pi + 36\pi = 61\pi$ cm²となります。

さらに、おうぎ形の面積と三角形の面積を同じ式とみることができます。それは、割合の意味を、イのように弧と円周の比と捉えることで可能となります。つまり、「おうぎ形の面積：（弧）×（半径）×$\dfrac{1}{2}$」と「三角形の面積：（底辺）×（高さ）×$\dfrac{1}{2}$」を同じ求め方の式であるとみることができます。（表1）。このように、文字式を活用することによって、図形の面積について新しい見方ができます。

表1　おうぎ形の面積と三角形の面積

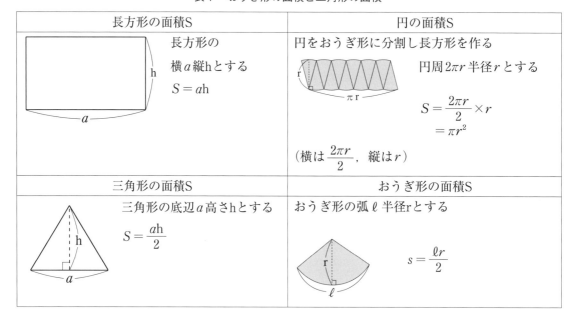

〈本時の計画（1時間目／全2時間）〉

本時のねらい

半径と弧の長さがわかっている場合のおうぎ形の面積について，割合や比例関係に着目したグループ間での求め方の検討を通して，$S = \dfrac{lr}{2}$ という公式を導くことができる。

本時の構想

思考の過程を，「ア：割合から $S = \pi r^2 \times \dfrac{\ell}{2\pi r}$ （標準正応答）」←→「イ：比例から $S = \dfrac{r}{2}$ （比例定数）$\times \ell$ （非標準正応答）」→「ウ：イの見方からアを簡単にすると $S = \dfrac{\ell r}{2}$ （数学的に認識を高めた姿）」のように捉えました。アにイの見方を加えてウに統合するグループでのかかわりを想定します。そのための手立てとして，ホワイトボードを使い，グループ内で自分の考えを説明し，まとめたものをグループ間で検討させます。

本時の展開

学習活動	教師の働き掛けと予想される生徒の反応	■評価・○留意点
1．前時の復習と課題設定	目標　半径と弧がわかっているおうぎ形の面積の公式を導くことができる T1：半径8cm弧2πcmのおうぎ形がある。面積を求めるためには何が必要ですか。 S1：割合 T2：割合はどのように求めますか。 S2：$\dfrac{2\pi}{16\pi} = \dfrac{1}{8}$。$\dfrac{弧}{円周}$。 T3：面積は。 S4：$64\pi \times \dfrac{1}{8} = 8\pi$。 T4：では，半径rcm弧の長さが ℓ cmのおうぎ形があったとする。このおうぎ形の割合Wはどんな式で表すことができますか。また，おうぎ形の面積Sはどんな式で表すことができますか。	○割合の意味を確認する。 ■割合と面積を求めることができる。
2．個別追究とグループ内のまとめ	【学習課題】 半径rcm，弧の長さ ℓ cmとするおうぎ形がある。 割合Wと面積Sを求める公式をつくりなさい。 T5：追究のヒントとして，前の時間にかいた対応表と弧と中心角がわかっている場合の公式を参考にしなさい。 r=6のときS=3ℓ | ℓ | 2π | 4π | 6π | … | |---|---|---|---|---| | S | 6π | 12π | 18π | … | r=8のときS=4ℓ | ℓ | 2π | 4π | 6π | … | |---|---|---|---|---| | S | 8π | 16π | 24π | … |	○半径r，中心角 a のおうぎ形の割合と面積の公式と対比させる。 ○前時にかいた対応表を参照させる。 ○＜イ＞がでない場合は比例定数に着目させS=□×ℓの式をつくらせる。

	S5：個別追究後ホワイトボード上でグループ内でまとめる。			■＜ア＞＜イ＞のまとめができる。
	S6　＜ア＞　標準正応答 ・弧÷円周から 　割合 $W = \dfrac{\ell}{2\pi r}$ ・円の面積×割合から 　面積 $S = \pi r^2 \times \dfrac{\ell}{2\pi r}$	＜ア＞' ・弧÷円周から 　割合 $W = \dfrac{\ell}{2\pi r}$ ・円の面積×割合から 　面積 $S = \pi r^2 \times \dfrac{\ell}{2\pi r}$ 計算して 　$S = \dfrac{r\ell}{2}$		S6　＜イ＞　非標準正応答 ・弧÷円周から 　割合 $W = \dfrac{\ell}{2\pi r}$ ・対応表から 　$\dfrac{r}{2}$ が比例定数 $S = \square \times \ell$ になるので 面積 $S = \left(\dfrac{r}{2}\right) \times \ell$	
3．グループ間検討	T6：グループ間検討として＜ア＞＜イ＞を取り上げ発表させる。 T7：＜イ＞から面積Sは弧 ℓ に比例することがわかりました。 　　$S = \square \times \ell$ という式になるということです。 　　＜ア＞の式は $S = \square \times \ell$ という形にできませんか。			■面積 $S = \left(\dfrac{r}{2}\right) \times \ell$ という式になることがわかる。
	S7＜ア＞→＜イ＞ ・円の面積×割合から 　面積 $S = \pi r^2 \times \dfrac{\ell}{2\pi r}$ 計算して分母・分子を約分すればよい。 ($\pi \div \pi = 1$，$r^2 \div r = r$ でいいか) $S = \left(\dfrac{r}{2}\right) \times \ell$	S7＜ア＞'→＜イ＞ ・円の面積×割合から 　面積 $S = \pi r^2 \times \dfrac{\ell}{2\pi r}$ 計算した式は＜イ＞と同じ。 $S = \left(\dfrac{r}{2}\right) \times \ell$		S7＜イ＞ ・対応表から 　$\dfrac{r}{2}$ が比例定数 $S = \square \times \ell$ になるので 面積 $S = \left(\dfrac{r}{2}\right) \times \ell$	
	T8：円の面積×割合を計算すると，$S = \left(\dfrac{r}{2}\right) \times \ell$ となることがわかりました。面積は弧に比例するからです。一方，この式は $S = \dfrac{\ell r}{2}$ のように表すことができます。なぜですか。　　数学的な認識の高まり			■既習事項と対比して面積の公式をまとめる。
	S8：$S = \left(\dfrac{r}{2}\right) \times \ell \rightarrow r \times \dfrac{1}{2} \times \ell \rightarrow \dfrac{\ell r}{2}$ T9：この式は比例の式でなく，別の見方ができます。 　　（弧）×（半径）× $\dfrac{1}{2}$ と，言葉の式にするとどうですか。 　　見覚えのある式になります。何の面積を求める式でしょうか。			○おうぎ形を三角形とみると底辺×高さ÷2と弧×半径÷2が対比できることを触発的に説明する。

	S9：三角形の面積を求める式に似ている。 T10：おうぎ形を三角形とみると，弧×半径÷2は底辺×高さ÷2とみることができます。	
4．まとめと振り返り	T11【まとめ】 　半径rcm，弧の長さ ℓ cmのおうぎ形の割合W面積Sとする。 　$W = \dfrac{\ell}{2\pi r}, S = \dfrac{\ell r}{2}$ で求めることができる。 T12：おうぎ形の面積の求め方を振り返りながら空欄を埋めなさい。 おうぎ形の面積 ┌ 半径r，中心角 a のとき 　　　　　　　　円の面積×割合＝（　）×$\dfrac{(\ \ )}{(\ \ )}$ 　　　　　　　└ 半径r，弧ℓのとき 　　　　　　　　円の面積×割合 ＝（　）×$\dfrac{(\ \ )}{(\ \ )}$ 〔$\dfrac{\ell r}{2}$〕	■既習事項と対比して面積の公式をまとめる。

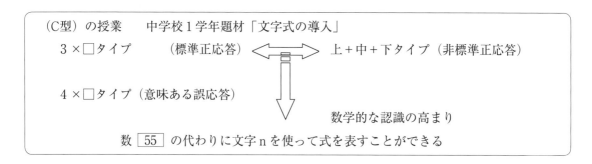

〈文字の意味・意義の認識について〉

中1題材「文字の式」で，文字の意味や意義をどのように認識させたらよいのでしょうか？

まず，「文字の式」の文字の意味は，数学記号の中の文字記号という概念と，日常我々が用いている文字という概念とでは異なることに注意する必要があります。数学記号は，形象記号と文字記号に分かれ，その文字記号は演算や関係を表す記号と計算対象を表す記号（狭義の文字）に分かれています。

しかし，日常では，記号と言えば形象記号と演算や関係を表す記号であり，文字と言えば，ひらがな・カタカナ・漢字・アルファベットなどを想起するので，記号と文字とは分離しています。

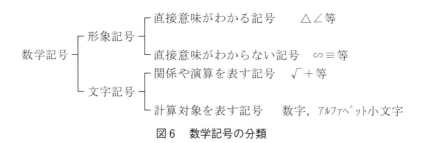

図6　数学記号の分類

即ち，「文字の式」での文字（狭義）は計算対象の記号として用いるのに対し，日常では文字（広義）は書き言葉や話し言葉として用いているということです。ですので，生徒は文字の意味を，数学記号でなく，日常レベルの文字という意味に同化して捉える可能性があります。

このことは，言葉の代替としての文字は生徒に認識されやすいが，計算対象となる文字としては捉えにくいということを示唆しています。

〈任意定数としての文字について〉

では計算対象としての記号である文字（狭義）の意味はどのように認識させたらよいのでしょうか。第1学年で学ぶ文字の意味として「任意定数」「未知数」「変数」の3つがあり，生徒が最初に出会う文字が何であるかは大変重要なことです。

そこで，各教科書における文字の式を導入するための問題を調べてみると，各記述の内容より任意定数としての文字の意味を認識させようとしています。また，任意定数としての意味を，次の2面で捉えています。

ア．ある集合の中のどれかの数を代表する

イ．ある集合の中のどれか1つの数を表す

特にイ．の側面が重要です。それは，文字が1つの数を表すことによって，計算対象の文字記号としての意味が生じるということです。文字が1つの数の代わりになるという見方をすれば，なじみのある「数の世界」の計算法則を，「文字の世界」でも調整的に適用できるからです。

結果，「数の世界」と「文字の世界」の共通性を認識できます。

さらに，各教科書において文字の意味の認識のための問題状況としては大別して次のように，Ⅰ型・Ⅱ型の2つがあります。

Ⅰ型　既習のルールを想起し適用する問題
Ⅱ型　未習のルールを抽出し適用する問題

しかし，Ⅰ型問題を導入問題として使用したとき，生徒が任意定数としての文字の意味を認識できるでしょうか。授業をイメージしてみます。

問　1個25円のみかんを何個か買おうと思います。みかんの数が3個，4個，5個…のときの代金を求める式を求めなさい。（Ⅰ型の例）

教師は，「答え」の代金でなく「求める式」をかくように促します。（代金）＝（単価）×（個数）という言葉の式を想起させながら25はいつも一定，個数が変化する変数なので，

25×（個数）円とまとめます（抽象化する）。そこで（個数）3，4，5の代わりに文字nを使っても表せるということで，25×n円となり，これを一般的な式と定義します。

```
25× │ 3 │
25× │ 4 │   →　25×（個数）→25×n
25× │ 5 │　抽象化　　　言葉の代わりの文字
```

しかしながら，25×（個数）ということですでに抽象化ができているのに，なぜ（個数）の代わりにわざわざ文字nを持ってくる必要性はどこにあるのでしょうか。そればかりか，言葉の式を用いることで次のような歪みが生じることが考えられます。

・（個数）という言葉の代わりのnは任意定数でなく略記号としての文字です。
　略記号としての文字は（n+1）のような式が与えられてもやはり（個数）を示すことになります。
・25×（個数）の（個数）は，複数の数をまとめた「変数」とも見ることができます。したがってnは任意定数でなく，変数として文字の意味を認識することにもなります。

このことは言葉の式を安易に導入することで任意定数としての意味獲得に障害が起こることを示しています。よって，文字の式の導入には言葉の式は不要で，数の式から文字の式へと，数の代わ

りとして抽象化することが必要です。

では，言葉の式を想起しやすい I 型は，単に言葉の式を導入せずに，文字に抽象化すれば，任意定数としての文字の意味が獲得できるのでしょうか。実は，もう1つ認知的な問題点が I 型の問題状況にはあると考えます。

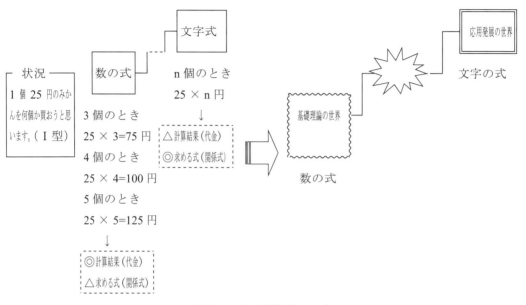

図7　文字の認識ギャップ

図7より，1個が25円のみかんを買うという身近な状況において，3個買うというときは，25×3＝75の75円という計算結果としての代金がいくらかということが大切であり，25×3という求める式（関係式）は副次的な事柄です。ところが，その見方は文字の式になると逆転します。文字の式では文字nの値がわからない限りは数に計算できないので計算結果よりも，むしろ25×nという求める式，即ち一般的な関係が大切になります。

このように I 型の状況は，生徒にとってとてもなじみのある数の世界の習慣（具体性）があります。それを切り替えて，関係性を重視する文字の世界（一般性）に入ることはかなりGAPがあると考えます。

そこで，表2のように4つの問題状況を設定し，L22→L11→L12→L21（L22）と学習することで任意定数としての文字の認識と使用場面についてのメタ認知的知識を意識させます。

	代数分野	図形分野
I 型問題	L11	L12
II 型問題	L21	L22

（例）買った代金などを式に表す等…L11
（例）正方形の周囲を表す等…L12
（例）数当てや誕生日当てのからくりの証明等…L21
（例）規則的に並べられたマッチ棒の数を式す等…L22

図8　文字の使用場面の分類表

それは，L22という初発の場面を用意し，任意定数としての文字の意味を認識します。その原理をL11→L12に適用し定着習熟します。さらに式の計算を習得した後に，L21（L22）問題で式の利用として行います。これは学習の転移の原則に基づいています。

また，Ⅱ型で図形分野であるL22を文字の導入として取り上げた理由は次です。

1つは問題状況のルールが未習であり，言葉の式の介入の少ないことです。またⅡ型は生徒が自ら1，2，3…と数を確定して構造を調べる必要があるからです。

2つはL21のようなⅡ型の代数問題では，既に任意定数としての文字が獲得されていないと解決が難しいことと，L22であれば図形を対象とするので，図形情報と対応して数のリズムが容易に読みとれるからです。

3つは「数の式」に表された数の意味を捉え直すことによって可能になります。数の意味を，具体的な数（答）と一般的な文字（関係式）の両面をもっていると考えます。「数の式」での数の役割を計算結果から関係式へと見方を変更するには，このような数の捉え方が必ず必要であり，これを媒介認知として授業構成します。このような数を「準一般数」ということにします。

例えば，正方形状に並ぶマッチ棒の総数を求める問題を取り上げて説明します。

問　図のように正方形状にマッチ棒が並んでいます。

図9　Ⅱ型図形分野問題L22の例

この問題で，最初に正方形が1個，2個，3個のときのマッチ棒の総数を問うことで，この段階で式化する生徒がいたとしても，見て数えることで総数を4個，7個，10個と求めることができます。この1個，2個，3個の1，2，3という数は生徒にとっては事実を数えるだけであるので，まさに具体数という役割です。次に正方形が55個の場合の総数を考えます。この場合は数えることができないので図形の規則性と数のリズムから関係を読みとり，1＋3×55などと式化して総数166本を求めます。この55という数は具体的な本数を求められる数でもあり，関係式を表しているので数式と文字式の中間にあるいわば準一般数の役割を持っています。

この準一般数55の意味づけが大切です。1＋3×55の55が仮に89に変わったとしても，求め方は変わらないことに注意させます。このようにして最終的には準一般数55の代わりに文字nを使っても良いこと，つまり数の代わりに文字を使って良いことを教師側で提示します。

図10では，具体数から準一般数という移行の過程に大きなGAPがあり，それに比較して準一般数から一般数（任意定数）への移行のGAPは小さくなることを示しています。また応答にある55＋55＋55＋1の55は，1＋3×55の55と比較すると，単位まとまりの個数を考えないので抽象化レベルが低く数と同じように扱うことができます。よって非標準正応答と考えました。

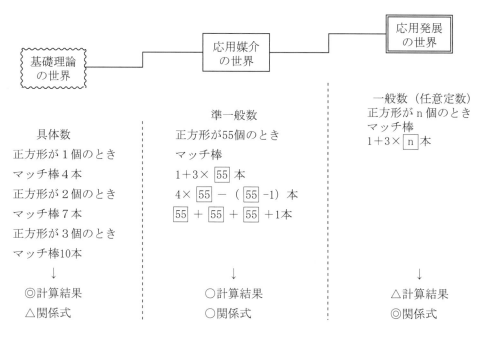

図10　文字認識の教材構成

　このことを認知とメタ認知的知識の関係から説明すると，「文字は1つの数を表すことがわかる」が認知で，「文字はルール既習やルール未習の問題状況で使うことがわかる」がメタ認知的知識です。それは，「どんな場面で数としての文字を使えばよいか」が「数の代わりに文字を使うこと」についてメタ認知の役割を果たしているからです。

―― 文字の意味の認識 ――――――――――――――――――――――――――――
　　文字は1つの数を表すことがわかる。
――――――――――――――――――――――――――――――――――――

 　どのように文字を使うのか？

―― 文字の使用についてのメタ認知的知識② ―――――――――――――――
　　文字はルール既習やルール未習の問題状況で1つの数の代わりとして使うことがわかる。
――――――――――――――――――――――――――――――――――――

　ところで，文字使用のメタ認知的知識は2つあります。①なぜ文字を使うのか，②どのように使うのかです。文字の学習においては，①②の両面をメタ認知的知識として獲得しておくことが必要です。
　①は計算対象としての文字の使い方が明確となった後半段階（文字の計算ができる）で，ルール未習問題を活用問題として扱い，いくつか立式された式を計算すると1つの式にまとめることができることを示すとよいです。よって，学習の初期段階では，①より②を重く扱い，後半段階では①を②より重く扱うことがよいと考えます。

<授業の実際>

― 導入問題 ―
マッチ棒で正方形を作り
図のように並べていきます。

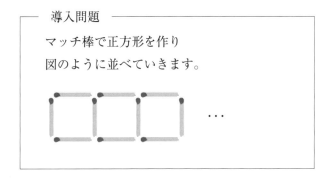

T：正方形が1個，2個，3個とできてます。使用するマッチ棒の本数は何本ですか。
S：正方形が1個のときは4本。2個のときは7本。3個のときは10本です。
T：どのようにして求めましたか。
S：図を見て数えました。
T：正方形が1個，2個，3個のときには，図を見てマッチ棒の数を数えてすぐに求めることができますね。では，正方形が55個のときはどうだろう。すぐに求めることができますか。

― 板書 ―

図	正方形の数	マッチ棒の数
	1	4
	2	7
	3	10
…	55	?

S：図がかけないのですぐには求められない。
S：規則から式をたてて求めればいい。
T：そうですね。正方形が55個のときにはマッチ棒の本数をすぐに求めることはできない。そのため規則性から式を作り，本数を求めてみよう。（数分間自力解決→近くの生徒と相談）

【学習課題】
　正方形が55個のときのマッチ棒の本数は
どのように求めることができますか。
　①求め方　図や式　②答

S1：3×55＋1＝166　　標準正応答（3×□タイプ，部分和）
S2：4＋3×54＝166　　標準正応答（3×□タイプ，部分和）
S3：55×4＝220　　　有意味な誤応答（4×□タイプ，全体から引く）
S4：55＋55＋55＋1＝166　非標準正応答（上下縦の部分和）
S5：無回答　困惑応答

T：S3のように考えた人がいました，みんなはどう考えますか。
S5：4本でできる正方形が55個とすると図のように余計なマッチ棒が54本ある。

T：どのように直すといいですか。
S3：55×4－54＝166になる。
T：S1，S2，S4を指名し，式を書かせて，説明させる。
T：それぞれの式の55に囲みを入れてみよう。

― 板書 ―
① 3×[55]＋1＝166
② 4＋3×([55]－1)＝166
③ [55]×4－([55]－1)＝166
④ [55]＋[55]＋[55]＋1＝166

T：すぐにわかった最初の1，2，3のときと，55の場合の式の違いはどんなことだろうか。
S：55になると求める式がいっぱいある。
S：55だけでなく，その部分を他の数にしても求めることができます。　数学的な認識の高まり
S：求める式が違うのに，答えが1つだ。　数学的な認識の高まり
T：①～④の式は正方形の数が98の場合でも，[55]の代わりに98を使えば，マッチ棒の数を求めることができる。つまり，どんな数でも求められる式になっている。
　[55]は具体的な数の55という一面と，どんな場合も答えを求めることができる万能数[55]という一面もある。

そこで，このような意味の55という数がでてきたときに，数学では，特別な記号を使って表す習慣がある。どんな記号だろうか。
S：わからない。
T：その記号は，実はアルファベットの小文字を使って表すのです。アルファベットは世界で共通なので，数学の世界では，言葉でなく数を表す記号として使います。

　　＜求める式＞　　　＜答え＞
① 3 × 55 + 1 ＝166本
　　　↓　　数を表す特別な記号
① 3 × n + 1 （本）

さて，この式は問題のマッチ棒の本数を求める式でもあり，下線で示したように答えの本数でもあるのです。なぜかというと，□や言葉の式はいくつかの数を表すので計算結果はいろいろある。しかし，アルファベットは1つの数を表すので，計算結果も1つになるからです。

T：では55という数の代わりに文字nを使って②③④も直してみよう。
S：② 4 + 3 × (n − 1)
　　③ n × 4 − (n − 1)
　　④ n + n + n + 1

【まとめと振り返り】
　正方形が55→n個のときのマッチ棒の本数は次のような式で求めることができる。
　3 × n + 1　　　　　　（本）
　4 + 3 × (n − 1)　　　（本）
　n × 4 − (n − 1)　　　（本）
　n + n + n + 1　　　　（本）
　数の代わりの文字（　　　　　　小文字）は
　数量の（　　　　　）と（　　　　　　　）の両方を表している。

T：（　　　　　）に言葉を入れてみよう。

第7講　評価とメタ認知的知識

　数学科における評価は，日々の授業での経験知と教育評価論の知見をもとにすると，次の2点を確認する必要があると考えます。

> ○指導目標と学習目標の整合化（教師の評価）
> ○生徒のメタ認知能力の育成（生徒の自己評価）

　指導目標とは教師が教えるための目標であり，学習目標とは生徒が学ぶための目標です。教師が教材研究によって教材価値を持って授業にのぞんでも，生徒がそれを学習価値として受け取ることができなければ，その指導目標は学んでいる生徒の目標となりません。指導目標と学習目標の乖離こそが問題であり，それを常に評価し整合化することが教師の評価として必要になります。

　メタ認知能力の育成とは，生徒が自身の知識や変容について意識することによって，学びの意味や意義を認識し，新しい知の形成に主体的に向かっていこうとする能力です。自己評価というと単なる形式的なものになりがちですが，メタ認知能力の育成を重視することで，評価は生徒自身のために必要な評価となります。特にメタ認知能力にはメタ認知的知識とメタ認知的技能の相互作用が重要であると捉えています。メタ認知的知識を意識してメタ認知的技能として高めていく姿を想定しています。

　2つの評価の点検を情報の流れと見た場合，教師が生徒に与えた評価は一方方向的な情報になりますので，生徒の自己評価とつきあわせ共有化と双方向化を図ることで生徒にとっても教師にとっても意味のある評価となります。以上の原則を踏まえながら，題材として1学年単元「文字式」の文字の意味の授業を例に，評価について検討してみます。

1．指導目標と学習目標を整合化する（教師の評価）

　数を表す文字の意味としては任意定数・未知の定数・変数の3つがありますが，文字の導入段階では，一般的に変数の意味と捉える指導が多いようです。しかし，次の理由により任意定数としての文字を生徒に認識させます。文字の意味を，変数ととるか任意定数ととるかは大きな教材解釈上の違いであり，評価として点検がここから始まります。

任意定数として文字nを使った場合は，「ある集合の中のどれか1つの数を表す」という意味と捉えます。その結果，nはあくまで1つの数を表しているので，計算対象になります。それに対して変数xは，例えば$\{x : x = 1, 2, 3, \cdots, n, \cdots, 100\}$のように任意定数nの入っている集合を文字xで代表させたものです。数としての文字の初期指導では，整数（正の数・負の数）の学習後に行いますので，数と同様に計算対象になる文字（任意定数）としての意義が大切です。このことは生徒にとってなじみのある「数の世界」の計算法則を「文字の世界」においても若干の微調整はあるがそのまま適用できるというよさを認識することができるからです。

———————— 評価の対象Ⅰ ————————

　次の主な作業としては，単元の指導目標を達成するために，どのような問題状況・場面を授業で設定するかということになります。文字の導入は，「Ⅰ型既習のルールを想起し適用する問題」，「Ⅱ型未習のルールを抽出し適用する問題」の二種類に大別されますが，任意定数としての文字の意味を認識するためにⅡ型を次のように持ってきます。

「文化祭で台紙をつくるために，長方形の紙（縦50cm横70cm）をのりしろ1cmでつなぎ合わせました。紙を何枚か重ねたときの横の長さを調べます」

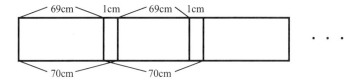

　最初に紙が2・3・4枚の時の横の長さを問います。これは直観的にも求めることができ全員が求められます。このときの2・3・4という数は生徒にとっては具体数という役割となります。次に紙が生徒数である40枚の場合で横の長さを考えさせると，規則性から$70 \times 40 - (40 - 1)$などと式化して求めることができます。よって40という数は具体数と任意定数の両面を持つ準一般数としての役割を持たせることができます。もし仮に「1個25円のみかんを何個か買おうと思います。みかんの数が2・3・4個のときの代金を求める式を求めなさい」という問題ならば，個数が40個になったとしても準一般数の役割を持たせることができないと考えられます。

———————— 評価の対象Ⅱ ————————

　授業ではこの準一般数40の意味づけが大切で$70 \times \boxed{40} - (\boxed{40} - 1)$の40が仮に120に変わったとしても，求め方は変わらないことに注意させました。このようにして最終的には準一般数40の代わりに文字nを使っても良いこと，つまり数の代わりに文字を使って良いことを教師側で提示しました。しかし，実際に授業をしてみると生徒は40という数の準一般性は納得できるようですが，それを文字記号nに表現する意味やアルファベットの小文字を使う文字の発想がなぜ出てくるのかという状

況でした。この授業では具体数から準一般数の意味を認識することはできましたが，準一般数から任意定数への意味・意義の認識の指導が足りなかったという教師の反省でした。そこで，もう少し丁寧に生徒に意識させるために次のように改善してみました。

「70×40−(40−1)の40のような特別な意味を持つ数を数字記号を使わないで，どのような記号で表現をしたらよいだろうか」このように表現上の理由に着目させて，どのような記号表象で表現できるかという問い方に変更し任意定数nという記号を持ってきました。その結果，□○，アルファベットが生徒からでてきたので，数学のルールとして<u>1つの数の代わりにアルファベット小文字を使うことになっていること</u>を伝え，そのことによって，□○と違って計算の対象になるよさを確認しました。

$$70 \times \boxed{n} - (\boxed{n} - 1)$$
$$= 70 \times \boxed{n} - 1 \times (\boxed{n} - 1) \quad\quad (\ )の前に1をつける$$
$$= 70 \times \boxed{n} - 1 \times \boxed{n} - 1 \times (-1) \quad\quad 分配法則$$
$$= (70 - 1)\boxed{n} + 1 \quad\quad 分配法則$$
$$= 69\boxed{n} + 1 \quad\quad (\ )の中の計算$$

――――――――――― 評価の対象Ⅲ ―――――――――――

これまでの評価についての点検をまとめると図1の流れになります。

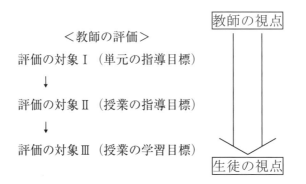

図1　指導目標と学習目標を整合化するための評価の点検の流れ

図1のように，Ⅰ（指導目標）からⅡ（指導目標）は論理的に整合することができます。仮にⅠに問題があれば改善しⅡもそれに伴わせればよいのです。しかし，Ⅱ（指導目標）からⅢ（学習目標）になるとより厳しく点検する必要があります。むしろこの過程は乖離しやすいことを前提として見ておいた方がよいでしょう。ですから毎回の授業の反省という教師の経験知が必要となります。

2．生徒のメタ認知能力の育成（生徒の自己評価）

　生徒の視点から評価を捉えた場合は，授業での形成的評価が重要です。形成的評価ではフィードバック情報が即生徒に提示され現在の認知の状態について確かめられることが必要です。例えば美術でりんごを画用紙にスケッチをしていれば，それを見ればどこまでスケッチしてできているかフィードバック情報はすぐに目に入ってきます。しかし数学では，計算をしている場合はそれが正しく進行しているかフィードバック情報は得られません。だからこそメタ認知能力の育成が必要です。それは見通しや方略をもって計算や証明をしているかを意識することをはじめとして，今学習していることの意味・意義を意識したり，既習知識と比べて何が新しいことがらなのか，既習知識と本習知識はどのようにまとめて理解しておけばよいか，など現在認知している内容の背後や背景にある認知です。授業では「文字は１つの数の代わりになる」ということだけを生徒は認知しがちです。そこに「なぜ文字が必要になるのか」「nを使うことのよさは何か」「それまで学習した数の使い方どう違うのか」「○□とnとではどう違うのか」などをメタ認知的知識として意識することができるように自己評価させます。

　～学習プリントを見ながら，今日の授業を振り返ってみよう～

　長方形の紙を並べ横の長さを求める問題で$70×\boxed{40}-(\boxed{40}-1)$という式を$70×\boxed{n}-(\boxed{n}-1)$にかき直すことができるのはなぜですか。a〜eのどれか１つに○をつけ，その理由を書きなさい。

　　a　文字nはある１つの数を表している。その１つの数の代わりに文字nを使って良いから
　　b　文字nはこの式の40と同じような意味で使うことができるから
　　c　文字nは40と同じように計算をすることのできる数だから
　　d　文字nはいろいろな数を代表していると考えられるから
　　e　その他（　　　　　　　　　　　　　　　　　　）
　　　　＜上の理由について書きなさい＞

評価の対象Ⅳ

この自己評価では，ねらいとした目標の具体的な姿について，教師側でａｂｃｄｅの5項目で設定し，そこから生徒が選択します。ａとｂとｃは学習で教師がみとりたい意味のある姿であり，対比的にｄはあまり好ましくない姿を想定することで，授業後の生徒の傾向を相対的にみることができます。さらには，ねらいとした目標についての理由を具体的に生徒が記述することで，メタ認知的知識について意識させることができます。

さて，毎回の授業で，教師は生徒の変容をできるだけ客観的に形成的評価し，生徒は自己の認知をメタ認知します。この連続的な過程によって確かな学力を身につけるための学びとなります。特に，意図的な課題系列を構成し，それらを生徒が解決する過程で形成的に評価していくことが，教師の役割になります。

任意定数としての文字の意味の認識にかかわって4タイプの問題があり次のような課題系列を意図的に用意し段階的に評価します。

	代数分野	図形分野
A型問題	L11	L12
B型問題	L21	L22

（例）買った代金などを式に表す等…L11
（例）正方形の周囲を表す等…L12
（例）数当てや誕生日当てのからくりを証明する等…L21
（例）規則的に並べられたマッチ棒の数を式に表す等…L22

課題系列	L22	→L11→L12	→L21（L22）
	獲得段階	定着習熟段階	利用段階

評価の対象Ⅴ

さて，確かな学力として身に付いたかを図る1つの評価方法として，パフォーマンステストがあります。パフォーマンステストは，問題状況を用意することでその中で生徒が課題を設定し生徒の持つ技能や見方・考え方を発揮させることで，状況に即しての問題解決力や理解の仕方を測るというねらいがあります。例を示します。

(例) 家から学校までの同じ道のりを,
A. 行きは毎時 4 km の速さで帰りは毎時 3 km の速さで往復する
B. 行きは毎時 5 km の速さで帰りは毎時 2 km の速さで往復する
　どちらがどれだけ早いですか。
(1) 道のりが60kmとすると,どちらがどれだけ早いですか。
(2) 道のりが150kmとすると,どちらがどれだけ早いですか。
(3) (1)(2)よりこの問題について言えることをまとめてみよう。また言えることの理由
　　を文字を使って説明してみよう。

――――――――――――――――― 評価の対象Ⅵ ―――

これまでの評価についての点検をまとめると図2の流れになります。

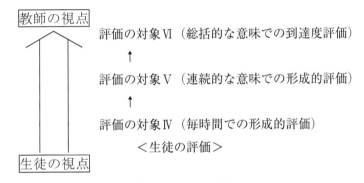

図2　メタ認知を意識させる評価の点検の流れ

生徒のメタ認知を促すという視点から,Ⅳ(毎時間)からⅤ(連続的)に上がるようになっているか点検していきます。さらに,ⅤからⅥ(到達度)になると汎用性・一般性という点から点検する必要があります。

※本稿は,「評価・評定について. 星野将直. 明治図書出版, 数学教育2006年3月号」をメタ認知的知識の視点から改編したものです。

おわりに　基礎・基本がなぜ応用・発展にいかないのか？

　新潟市では、「学習課題」に正対した「まとめ」、生徒自身の言葉による「振り返り」という授業スタイルが推進されています。よって、教師はこの授業スタイルをもとに授業を構想します。生徒が何かしらを振り返っている姿をゴールとして、ボトムアップで「振り返り」→「まとめ」→「解決」→「学習課題」→「導入問題」と構想します。

　「振り返り」をゴールにする授業を推進することは、生徒に「なぜ、何のために」「何を学んでいるか」「何がわかったか」「何ができるようになったか」を自覚的に促す授業（自己の学習状況・能力に対するメタ認知（A）を促すこと）になります。と同時に、生徒の「振り返り」の姿を想定しておく必要があります。

　しかし、「振り返り」は単なる「振り返り」でなく、どのように振り返ることが「まとめ」が達成された状態かということを生徒の姿で想定しておかなければなりません。即ち「まとめ」の内容についてメタ認知している状態です。「振り返り」が認知内容についての認知であれば、この「振り返り」をしっかりとやらせているのであれば、「まとめ」の内容は確実に認知している状態ということになります。

　ただし、ここで言うメタ認知の対象とは自己の学習状況・能力でなく、学習した内容知・方法知についてのメタ認知（B）であると捉えています。

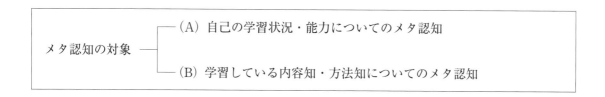

　例えば、「方程式を解くことができる状態（認知）」とは「方程式の解き方をどのように認知した状態なのか？」とメタ認知的問いを立てて、認知（「まとめ」）とメタ認知（「振り返り」）の両方の姿を想定することが必要となります。この例では認知を制御するメタ認知の姿を想定します。

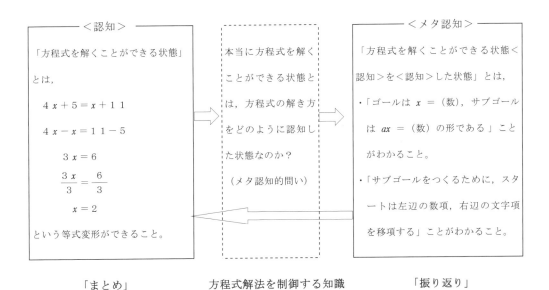

　このように,「振り返り」の対象とはメタ認知的知識,「まとめ」の対象とは認知（A宣言的知識・手続き的知識・B一般的方略）です。認知に対するメタ認知というように,メタ認知的知識は認知の暗黙知です。

　また,問題解決時に知識A・Bを,全体として統合したり,合目的に制御したりする知識です。
　メタ認知的知識を問題解決で使えるようになるには,問題場面に応じてメタ認知的知識を適用したり調整したりしてメタ認知的技能として高めていきます。例えば,最初に獲得したメタ認知的知識を,異質の場面で調整して適用するというような教材構成が必要となります。

＜教科指導のためのメタ認知技能＞
認知（A宣言的知識・手続き的知識・B一般的方略）
　　↓認知から顕在化（暗黙知の形式知化）
メタ認知的知識（知識A・Bを,全体として統合したり,合目的に制御する知識）
　　↓メタ認知的知識を問題解決で適用・調整
メタ認知的技能として獲得

　「まとめ」と「振り返り」を認知とメタ認知として構想すること。また,解決においてメタ認知が顕在化できるようにメタ認知的支援が必要となります。単に「授業で気づいたことはないか」と振り返らせるのではなく,メタ認知的知識を意識させた振り返りが必要です。

　近年の学力低下の解決策はどうでしょうか。知識・技能の習得と題してドリルを徹底する学習をできるだけ確保し,知識・技能の活用と題していわゆる問題解決的な学習（研究授業用かも）を2

分することで，学力低下問題を解決できるのでしょうか。

　解決するための方途として，習得過程と活用過程を2分することでなく，基礎・基本の習得過程においても問題解決的な学習を行い，基礎・基本を活用するための能力（メタ認知的知識を意識して，それをメタ認知的技能をして使うこと）も同時に育てることが必要だと考えます。つまり二元論でなく一元論として議論していくことが，学力低下問題に対して，現実的に有効な解決策であると考えます。

　そのためには，カリキュラム改善・開発というレベルの視点が必要です。獲得した基礎・基本である知識や技能について，AとBの2つのレベルに分け教材構成し，知識・技能の転移を，単元内，単元間，学年間だけでなく，小学校－中学校－高等学校の校種間まで見通し，意図的に設定することが大切です。

　　Aレベル：同じ題材や異なる題材に使う段階
　　Bレベル：異質の題材や日常の題材に使う段階

　本書ではAレベル「同じ題材や異なる題材に使う段階」での具体例・実践を中心に議論しました。例えば，第1講では，中学校2学年題材「連立二元一次方程式の解法」では，中学校1学年で学習した一元一次方程式の解法を，中学校2学年の異なる題材である連立二元一次方程式の解法に転移するための認知とメタ認知的知識を示しました。

　また，本書はできるだけ具体例・実践を示すことにより，数学教育におけるメタ認知的知識とその必要性・重要性を示しました。本書で言うメタ認知的知識は，自己の学習での振り返り・見通しといった学習状況・能力の向上ではなく，数学的知識の認識における暗黙知であるメタ認知的知識の獲得に焦点化して議論を進めました。

　本書は中学校の数学担当教師だけでなく，小学校・高等学校の算数・数学教育にかかわる先生方，大学の研究者，学習塾の先生方，教科書の出版関係者，数学科の教員をめざす大学生等からぜひ読んでいただければありがたいです。学力差が大きく二極化している学級・学校において，目の前の生徒の数学の学びにとって真に有効な学力支援策とは何かについて，率直な考えやご意見をいただければ幸いに存じます。

2016. 4

星野　将直　記す

【 引用・参考文献 】

<第1講>暗黙知とメタ認知的知識
1) 暗黙知の解剖．福島真人著．金子書房．2001．
2) 暗黙知の次元．マイケル　ポランニー著．高橋勇夫訳．ちくま学芸文庫．2003．
3) 跳び箱は誰でも跳ばせられる（教師修業）．向山洋一．明治図書出版．1999．
4) 授業が変わる―認知心理学と教育実践が手を結ぶとき．ジョン・T．ブルーアー（著）．松田文子（翻訳）．森　敏昭（翻訳）．北大路書房．1997．
5) メタ認知的アプローチによる学ぶ技術．アルベルトオリヴェリオ著．川本英明訳．創元社．2005．
6) 思考力育成への方略　増補新版―メタ認知・自己学習・言語論理（21世紀型授業づくり）．井上尚美．明治図書出版．2007．
7) 授業にとって「理論」とは何か．宇佐美寛．明治図書出版．1978．
8) 認知心理学を語る〈3〉　おもしろ思考のラボラトリー．森　敏昭編．21世紀の認知心理学を創る会著．北大路書房．2001，「7章メタ認知　岡本真彦」．
9) 考えることの科学―推論の認知心理学への招待．市川伸一．中公新書．1997．
10) 内なる目としてのメタ認知―自分を自分で振り返る現代のエスプリ．丸野俊一．至文堂．2008．
11) 新・人が学ぶということ―認知学習論からの視点．今井むつみ．岡田浩之．野島久雄．北樹出版．2012．

<第2講>数学的知識とメタ認知的知識
1) 認知科学と人工知能　知識表現ⅠⅡ．安西祐一郎．共立出版．1987．
2) 生徒の考えを活かす問題解決授業の創造―意味と手続きによる問いの発生と納得への解明．礒田正美．明治図書出版．1999．
3) 平成13年度小中学校教育課程実施状況調査報告書．中学校数学国立教育政策研究所．
4) 自己化された学校数学の構想を展開～数学的知識形成の機構を方略を中心にして～．金子ゼミナール．数学教育研究　新潟大学教育学部数学教室第24号．1988．
5) 「学び直し」で生徒の学習を確実に式の計算〔計算の意味に重点を置き，系統性を考えた単項式の乗除〕．星野将直．明治図書出版．数学教育2008年10月号．
6) 授業が変わる―認知心理学と教育実践が手を結ぶとき．ジョン・T．ブルーアー（著）．松田文子（翻訳）．森　敏昭（翻訳）．北大路書房．1997．
7) 自己調整学習―理論と実践の新たな展開へ．自己調整学習研究会（編集）．北大路書房．2012．
8) 全国学力調査【中学校数学】結果を読み解く．読み解き研究会IN長岡　2008．
9) 認知心理学からみた数の理解．吉田　甫．多鹿秀継．北大路書房．1995．
10) メタ認知―学習力を支える高次認知機能．三宮真智子編．北大路書房．2008．
11) 知識の構成から見た加法の概念と技能の発達．多鹿秀継．愛知教育大学教育実践センター紀要　第10号．2007．

<第3講>認知構造の変容とメタ認知的知識
1) 数学的知識形成と数学的見方や考え方のよさの関係について．星野将直．数学教育論文発表会論文集32．1999．日本数学教育学会．
2) 概念形成と評価（教育情報工学シリーズ）．織田守矢．下村　勉．コロナ社．1989．
3) 算数用語集―新興出版社啓林館．www.shinko-keirin.co.jp/keirinkan/sansu/
4) かんたん算数用語集―学校図書株式会社．www.gakuto.co.jp/junsansu/kantan.html
5) 認知心理学5．獲得研究の現在．波多野誼余夫．東京大学出版会．1996．
6) 対話と探究を深める数学科授業の構築．金子忠雄．教育出版．1989．
7) 数学化活動とメタ認知形成を中心として．金子ゼミナール．数学教育研究　新潟大学教育学部数学教室第32号．1996．
8) 学校数学における知識形成のメカニズムとその様相～<一般化>を中心にして～．金子ゼミナール．数学教育研究　新潟大学教育学部数学教室第31号．1995．
9) 認知心理学5．説明と類推による学習．鈴木宏昭．東京大学出版会．1996．

10）認知心理学 4．帰納的推論と批判的思考．楠見　孝．東京大学出版会．1996．
11）子どもの知識を変化させるための条件．松下佳代．数学教室No467・468．国土社．1990．
12）数学科授業の知識形成における納得のあり方．星野将直．新潟大学大学院修士論文．1997．
13）13歳の娘に語るガロアの数学．金　重明．岩波書店．2011．
14）数学の教科書が言ったこと、言わなかったこと．南みや子．ベレ出版．2014．
15）教えたくなる数学　学びたくなる数学．神林信之他．考古堂．2012．

＜第4講＞学習の転移とメタ認知的知識
1）金子忠雄先生退官記念誌「学校数学における問題解決の在り方再考」．金子忠雄．1997．
2）認知心理学講座 4 思考「問題解決の過程」．伊藤毅志．安西祐一郎．東京大学出版会．1996．
3）現代思想思考のミッシングリンク．美馬ゆのり．青土社．1990．
4）認知心理学講座 5 学習と発達「説明と類推による学習」．鈴木宏昭．東京大学出版．1996．
5）メタ認知の教育学　生きる力を育む創造的数学．OECD教育研究革新センター（編集）．篠原真子（翻訳）．篠原康正（翻訳）．袰岩　晶（翻訳）．2015．
6）教育の過程．J.S.ブルーナー（著）．鈴木祥蔵（翻訳）．佐藤三郎（翻訳）．岩波書店．1963．
7）心理学と教育実践の間で．佐伯　胖（著）．佐藤　学（著）．宮崎清孝（著）．石黒広昭（著）．東京大学出版会．1998．
8）大人のための勉強法．和田秀樹．PHP新書．2000．
9）学力を問い直す―学びのカリキュラムへ．佐藤学．岩波ブックレット．2001．
10）算数問題解決と転移を促す知識構成の研究．多鹿秀継．中津楢男．風間書房．2009．

＜第5講＞問題解決とメタ認知的知識
1）金子忠雄先生退官記念誌「学校数学における問題解決の在り方再考」．金子忠雄．1997．
2）学びの数学と数学の学び．金子忠雄（編）．井口浩他．明治図書出版．2002．
3）対話型・問題解決の授業づくり（第10回）1 年「正の数・負の数」加減の混じった式の計算の仕方を考えよう．星野将直・礒田正美．明治図書出版．数学教育2008年 1 月号．
4）生徒が自ら考えを発展する数学の研究授業中学 1 年編―この発問が発展のきっかけをつくる．礒田正美（著）．大根田裕（著）．明治図書．2003．
5）認知と思考．多鹿秀継編．サイエンス社．1994．7 章「数学の問題解決」伊東祐司．
6）問題解決の心理学―人間の時代への発想．安西祐一郎．中公新書．1985．
7）考えることの科学―推論の認知心理学への招待．市川伸一．中公新書．1997．
8）数学科授業の知識形成における納得のあり方．星野将直．新潟大学大学院修士論文．1997．
9）数学的知識の獲得・形成におけるメンタルモデルの役割に関する研究．星野将直．日本数学教育学会誌数学教育第82巻第 5 号．2000．
10）対話と探究を深める数学科授業の構築．金子忠雄．教育出版．1989．

＜第6講＞生徒間のかかわりとメタ認知的知識
1）弁証法―自由な思考のために．中埜　肇．中公新書．1973．
2）思考・判断・表現による『学び直し』を求める数学の授業改善．礒田正美．明治図書出版．2008．
3）学びの数学と数学の学び．金子忠雄他共著．明治図書．2002．
4）「文字の式」の使用の意義や意味の指導について．星野将直．数学教育論文発表会論文集35．日本数学教育学会．2002．
5）自給自足の体験による文字の導入．風間寛司．数学教育NO464．明治図書．1996．
6）学校数学における文字式の学習に関する研究．朴威．東洋館．1991．
7）「文字の式」の理解に関する一考察～疑変数について～．藤井斉亮．数学教育論文発表会論文集31．日本数学教育学会．1998．
8）小特集　生徒の数学観を変える「出会いの 1 時間」2 年「三角形の 3 つの角の和は180°」をなぜ証明するのか？．星野将直．明治図書出版．数学教育2011年 4 月号．

9）算数・数学教育における数学的活動による学習過程の構成—数学化原理と表現世界，微分積分への数量関係・関数領域の指導．礒田正美．共立出版．2015．
10）つまずきから学び合う授業をつくる，速さと速さをたして平均を求められるのか？．星野将直．明治図書出版．数学教育2010年7月号．

＜第7講＞評価とメタ認知的知識
1）評価・評定について．星野将直．明治図書出版．数学教育2006年3月号．
2）理解を基にした中学校数学科カリキュラムの開発と評価．星野将直．数学教育論文発表会論文集36．日本数学教育学会．2003．
3）学びの数学と数学の学び．金子忠雄他共著．明治図書．2002．
4）認知心理学者教育評価を語る．若き認知心理学者の会著．北大路書房．1996．
5）授業が変わる—認知心理学と教育実践が手を結ぶとき．ジョン・T．ブルーアー（著）．松田文子（翻訳）．森　敏昭（翻訳）．北大路書房．1997．
6）学びの意味を育てる理科の教育評価．堀　哲夫．東洋館．2003．
7）子どもの能力と教育評価．東洋．UP選書．2001．
8）算数数学科のカリキュラム開発．G．ハウソン，C．カイテルJ．キルパトリック．共立出版．1987．
9）数学教育の国際比較に基づいたカリキュラム研究．長崎栄三．算数・数学カリキュラムの開発へ．日本数学教育学会．産業図書．1999．
10）教育研究とカリキュラム研究．田中統治．現代カリキュラム研究．学文社．2001．
11）Mathematics classroomsthat promote understanding．T.A.Romberg．Routledge publishers．1999．
12）数学教育の危機とカリキュラム研究の課題．算数・数学カリキュラムの開発へ．佐藤学．日本数学教育学会．産業図書．1999．
13）カリキュラムの評価的研究．カリキュラム研究入門．安彦忠彦．頸草書房．1999．

※中学校数学の教科書（啓林館．教育出版．東京書籍．学校図書．大日本図書．数研出版．日本文教出版．平成24年度用）は全講にわたって参照しています．

著者紹介

星野　将直（ほしの　まさなお）

1966年生，新潟大学大学院教育学研究科修了（教育学修士）

新潟大学教育学部附属長岡中学校，新潟市立東新潟中学校等を経て，現在新潟市立東石山中学校教諭

（主たる著書）『教えたくなる数学　学びたくなる数学』［共著］（考古堂），『科学をつくりあげる学びのデザイン』[共著]（東洋館），『学びの数学と数学の学び』［共著］（明治図書）

（研究テーマ）「算数・数学教育の現場にとって有効な視点の提案と実践のための理論の構築」,「教授・学習過程での心理学的側面を重視した学習指導法」,「教材解釈と数学科カリキュラム構成・教材構成の方法」等

数学教育とメタ認知的知識

2016年8月10日初版発行

著　者　　星野将直

発行者　　柳本和貴

発行所　　㈱考古堂書店
〒951-8063　新潟市中央区古町通4番町563番地
☎025-229-4058（出版部直通）FAX 025-224-8654

印刷所　　㈱ウィザップ

ⓒ2016. Masanao Hoshino, Printed in Japan
ISBN978-4-87499-851-9